AF464240

LA

CUISINE DE LA FERME

PARIS.— IMP. SIMON RAÇON ET COMP., RUE D'ERFURTH, 1.

BIBLIOTHÈQUE DU CULTIVATEUR

PUBLIÉE

AVEC LE CONCOURS DU MINISTRE DE L'AGRICULTURE

LA CUISINE DE LA FERME

PAR

Mme MARCELINE MICHAUX

PARIS
LIBRAIRIE AGRICOLE DE LA MAISON RUSTIQUE
26, RUE JACOB, 26

1867

LA
CUISINE DE LA FERME

AVANT-PROPOS

Nous avons des livres de cuisine écrits pour le service des grandes maisons; nous n'en avons pas pour les ménages modestes d'ouvriers, de cultivateurs. Ces derniers sont certainement, sous ce rapport, les plus déshérités. Allez vous asseoir à la table de la plupart de nos paysans, et vous le saurez. Vous retrouverez là un régime primitif, traditionnel, toujours le même ou à peu près de mémoire de génération, tantôt insipide, tantôt trop épicé, et, malgré cela, coûtant parfois plus cher que si la nourriture était variée, savoureuse et bonne. Nos ménagères le comprennent, croyez-le bien; elles ne demanderaient pas mieux que de préparer de bons mets sans augmentation de dépense, et de varier leur alimentation, afin de la rendre plus agréable; mais comment s'y prendraient-elles?

Les notions les plus simples de l'art culinaire ne font point partie de leur éducation; les livres qui traitent du service de la table ne s'adressent ni aux filles ni aux femmes des modestes ménages; on n'y enseigne que l'art de préparer des mets recherchés et pour la plupart très-coûteux; les préparations faciles et économiques n'y figurent point.

C'est une lacune que nous signalons et que nous allons essayer de combler.

On nous apprend assez bien la manière de produire la viande de boucherie, les petits animaux de basse-cour, volailles et lapins; le poisson dans les étangs; on nous apprend à produire les légumes au potager, les fruits au jardin; mais ce n'est là que le commencement d'une besogne qui demande à être complétée, et ce complément consiste à approprier le mieux possible et le plus économiquement possible les produits en question aux besoins de la vie. Ils doivent passer naturellement des mains de celui qui a su les obtenir aux mains de la ménagère qui doit savoir les préparer pour l'usage de la table.

Voyez, par exemple, en ce qui regarde les légumes, combien nous sommes inconséquents. Nous ne nous bornons pas à introduire dans nos jardins des variétés nouvelles de légumes, meilleures que les anciennes, nous recommandons encore des espèces tout à fait inconnues des ménagères. Jusqu'ici tout est pour le mieux, mais nous oublions l'essentiel, c'est-à-dire de montrer les moyens d'en tirer parti.

Dans nos campagnes, où l'on ne sait pas même toujours utiliser convenablement les produits ordinaires du potager, ceux qui poussent là de toute éternité, comment utiliserait-on des produits importés de fraîche date?

Sortons donc bien vite de cette situation; dégageons-nous de l'impasse où nous sommes.

Dans ce livre de cuisine populaire, nous ne sommes pas tenu de suivre servilement la marche adoptée pour les livres de cuisine qui s'adressent aux gens du monde et aux gourmets.

Nous diviserons le nôtre en douze chapitres :

Le premier traitera des choses nécessaires à la ménagère et qui constituent la batterie de cuisine et les petits approvisionnements;

Le second comprendra les soupes grasses et maigres;

Le troisième la préparation des sauces;

Le quatrième la préparation des légumes par ordre alphabétique;

Le cinquième la préparation des viandes de boucherie et de charcuterie, par ordre alphabétique;

Le sixième traitera de la volaille et des œufs;

Le septième traitera du gibier;

Le huitième des poissons;

Le neuvième des entremets et de la pâtisserie;

Le dixième des fruits et des vins;

Le onzième des diverses conserves;

Le douzième du service de la table.

I

BATTERIE DE CUISINE ET PETITS APPROVISIONNEMENTS

Le mobilier de la cuisine est évidemment ce qui doit nous intéresser en premier lieu; il constitue l'entrée en ménage. S'il s'agissait d'un riche mobilier, si nous n'avions pas à compter avec la bourse de nos lecteurs, nous ne serions pas en peine de le composer, mais, encore une fois, nous tenons à nous renfermer dans d'étroites limites, c'est-à-dire à indiquer les objets à peu près indispensables.

Nous ne parlerons pas de la pièce réservée à la cuisine; il est rare, difficile, souvent même impossible, dans les villes surtout, de la rencontrer telle qu'on la voudrait, spacieuse, bien éclairée, bien disposée sous tous les rapports et pouvant contenir, outre le fourneau de rigueur ou une cuisinière en tôle ou en fonte et l'évier, une armoire, une fontaine à filtrer, une table et plusieurs chaises. Dans nos ménages des villes, il n'y faut pas songer ; le plus souvent la ménagère s'y trouve trop à l'étroit et n'y a point ses aises. Il faut en prendre son parti. Dans les villages, ces inconvénients n'existent pas, mais il y en a d'autres. Là, les cuisines ne constituent pas des pièces à part; ce sont tout à la fois des salles à manger, des chambres à coucher et des chambres à recevoir. Ainsi, de quelque côté que l'on se tourne, les dispositions sont presque toujours défectueuses, et sous ce rapport, nous n'avons que des vœux à émettre, c'est que l'on accorde plus d'espace aux cuisines des villes, et qu'on ait le bon esprit, quant aux campagnes, d'avoir des cuisines qui ne soient plus des pièces à toutes fins.

Arrivons au mobilier culinaire proprement dit, à ce qu'on nomme la *batterie de cuisine*. Pour un grand nombre de personnes, cette batterie se compose d'objets en terre cuite et en fer-blanc. En apparence, c'est la plus économique; en réalité, c'est la plus coûteuse; malheureusement, il est dans la destinée de ceux qui n'ont pas la bourse bien remplie de toujours dépenser plus que les autres pour avoir moins. Il est clair qu'avec ce qu'on casse de poterie et ce qu'on use de fer-blanc dans une année ou deux, on pourrait acheter du cuivre étamé dont on ne verrait pas la fin; mais on trouve plus facilement les petites sommes que les grosses. Ainsi, ne demandons pas plus qu'on ne peut nous donner. Nous nous estimerions très-heureux déjà si dans une cuisine d'ouvrier aisé et de petit cultivateur, on arrivait à composer une batterie de cuisine de la manière suivante :

Une marmite en fonte et une marmite en terre pour le pot-au-feu et la cuisson des légumes; — trois ou quatre casseroles en terre avec leurs couvercles; — deux ou trois plats en terre ou en fer battu pour les œufs; — une daubière en fonte; — trois casseroles de diverses dimensions en fer battu; — deux tourtières en tôle; — une poissonnière en fer battu; — une rôtissoire avec sa coquille; — une poêle à frire; — un gril; — trois passoires pour le bouillon, les purées et les infusions; — deux tamis de crin; — un chaudron en cuivre; — une bouilloire; — deux cafetières en fer battu et un filtre; — deux écumoires; — un couperet; — une boîte trouée pour faire cuire les pâtes, le riz et les légumes dans le bouillon; — des cuillères en bois; — plusieurs boîtes en fer-blanc pour le sel, le poivre, les épices, la farine; — une éponge; — une brosse de chiendent pour l'évier; — deux seaux pour l'eau, en bois ou en zinc; — un soufflet; — four de campagne; — pelle et pincettes; — un étouffoir à charbon; — un panier à vaisselle; — un moulin à café.

Avec cette petite batterie de cuisine, on se tirerait déjà honnêtement d'affaire. Dans un ménage très-aisé, on ne s'en contenterait pas. Pour celui-ci donc, nous demandons, outre la marmite en fonte; — six casseroles en cuivre de diverses grandeurs avec leurs couvercles; — six casseroles en terre, également avec leurs couvercles; — trois casseroles en fer battu; — une daubière en fonte; — trois tourtières en tôle; — un four de campagne; — deux grils; — deux poêles à frire; — une rôtissoire avec sa coquille; — deux poissonnières; — quatre passoires; — une bassine et une écumoire en cuivre pour les confitures; — un mortier en marbre et son pilon; — un chaudron en cuivre; — deux plats en fer battu pour les poissons; — deux tamis; — un couperet; — un hachoir; — deux lardoires; — deux grands couteaux; — une grande bouilloire; — une théière; — deux cafetières avec filtre; — des cuillères en bois; — un gaufrier; — un étouffoir à charbon; — un panier à vaisselle; — un moulin à café et un moulin à poivre.

N'oublions pas enfin de mentionner une pièce qui peut rendre des services réels en voyage, dans les excursions, au milieu des champs et même dans un petit ménage. Elle a été décrite et figurée dans la *Maison rustique des dames* de Mme Millet-Robinet, sous le nom de *casserole à la minute*. Cette casserole, à peu près tout à fait inconnue, est en cuivre, et ne coûte pas moins de 13 à 14 francs. — Voici la description qu'en donne Mme Millet-Robinet : — « Cette casserole, dit-elle, est divisée exactement dans le sens horizontal en deux parties égales, réunies par une charnière; elles s'emboîtent l'une dans l'autre d'une manière si complète, que la casserole peut être fermée hermétiquement.

« En allumant sous cette casserole un morceau de papier de la dimension d'un de nos journaux quotidiens, on peut cuire en deux ou trois minutes des côtelettes, et en une minute des œufs sur le plat. »

Mettons deux journaux au lieu d'un seul pour obtenir une cuisson convenable. Non-seulement on se sert de cette casserole pour cuire des côtelettes dans leur jus et des œufs sur le plat, mais on peut très-bien y faire cuire des biftecks, des omelettes, du poisson, etc. Avec cette casserole, des provisions, des journaux dans sa poche, du sel et du poivre dans un cornet, et quelques allumettes chimiques dans une boîte, on peut faire partout et promptement une bonne cuisine. A défaut de papier, deux ou trois poignées de petit bois sec suffiraient largement. La viande maigre exige un peu de beurre; la viande grasse n'exige rien que l'assaisonnement. Il va sans dire qu'il est nécessaire de retourner cette viande pour qu'elle cuise des deux côtés.

Toute cuisine, petite ou grande, doit être approvisionnée de sel ordinaire, sel blanc, poivre blanc moulu, poivre en grains, clous de girofle, muscade, cannelle, thym, laurier, sauge, persil et sarriette desséchés, ail, oignons brûlés et autres, échalotes, cornichons, huile, vinaigre, citrons, farine, fécule de pommes de terre.

II

SOUPES GRASSES ET SOUPES MAIGRES

Soupe au bœuf. — Nous ferons observer d'abord que les pots en terre sont préférables aux marmites en fonte pour la préparation d'une soupe au bœuf, et que, parmi ces pots en terre, ceux qui ont servi valent mieux que ceux qui sont neufs. Nous ferons observer ensuite qu'on n'obtiendra jamais un bouillon aussi riche en mettant la viande dans l'eau bouillante qu'en la mettant dans l'eau froide ou à peine tiède. En voici la raison : — La viande de boucherie contient un liquide de même nature que le blanc d'œuf. C'est ce que les savants appellent de l'*albumine*. Si vous le saisissez brusquement par la chaleur de l'eau, il se *prend*, il s'épaissit comme le blanc des œufs que vous faites cuire au dur, et une fois épaissi, il empêche le jus de la viande de sortir, de se mêler à l'eau et de former ainsi un excellent bouillon. Si, au contraire, vous plongez la viande dans l'eau froide ou seulement tiède, l'albumine de cette viande s'en va dans l'eau en question et finit par former l'écume que vous connaissez et que vous enlevez au fur et à mesure qu'elle se produit. Le jus sort par conséquent de la viande en toute liberté et vous êtes sûr que le bouillon n'en vaudra que mieux. Sur ce point, la pratique des ménagères s'accorde avec la théorie des savants. Nous dirons enfin que la viande grasse qui donne de gros yeux ne vaut pas les parties maigres ou marbrées d'un animal gras.

Maintenant que nos observations sont faites, parlons du pot-au-feu.

Pour six litres d'eau mettez un kilogr. et demi de bœuf ou de vache, attendu que la vache fournit un excellent bouillon. Si vous avez un morceau de foie, un bout de jarret de veau et un os à la moelle à y ajouter, votre soupe n'en vaudra que mieux. Ayez soin de mettre cette viande dans le pot de terre ou la marmite en même temps que l'eau, ainsi que nous le disions plus haut. Dès que l'écume commencera à se produire, salez et jetez dans la marmite deux gousses d'ail. Lorsque la soupe aura bien jeté son écume et bouillira, mettez-y deux carottes, un gros navet, un panais, un bouquet garni, composé de poireau, céleri et ciboule; mettez-y aussi un oignon brûlé pour donner de la saveur et de la couleur, ou bien, à défaut d'oignon brûlé, un oignon que vous aurez fait noircir sur la braise au moment de vous en servir, ou bien une ou deux rondelles de ces carottes que l'on fait déssécher et brunir au four dans nos campagnes, et que l'on conserve en chapelets sous le manteau de la cheminée.

Une fois les légumes dans le pot ou la marmite, faites bouillir à gros bouillons pendant environ dix minutes, puis éloignez le pot du feu ou diminuez la chaleur et laissez cuire doucement pendant quatre heures au moins, et trempez. Il va sans dire qu'il y aurait tout à gagner à laisser bouillir plus longtemps.

Quand on trouve que le bouillon se réduit trop et que l'on juge à propos de l'allonger avec de l'eau, il faut bien se donner garde d'employer à cet effet de l'eau froide ; il importe qu'elle soit très-chaude.

Soupe au bœuf et au lard. — Prenez un demi-kilogr. de lard, un kilogr. de bœuf, et mettez le tout dans la marmite en même temps que l'eau, écumez un peu, puis, quand l'ébullition se fera, ajoutez toutes sortes de légumes, tels que carottes, panais, choux, rutabagas, choux-navets ou choux-raves, poireau et ail. Laissez cuire pendant quatre heures, retirez les légumes cuits pour les servir à part avec la viande et le lard, et trempez la soupe avec le bouillon.

Soupe au lard. — Mettez d'abord l'eau sur le feu et attendez qu'elle entre en ébullition. Dès qu'elle bouillira, jetez-y un bon morceau de lard, un gros chou, deux gousses d'ail, puis salez et poivrez. On peut ajouter au chou des carottes, navets, pommes de terre, etc.

Soupe au mouton. — Mettez le mouton en même temps que l'eau sur le feu, salez et poivrez fort, puis ajoutez de l'ail. Quand l'eau bouillira, jetez-y un cœur de chou et toutes sortes de légumes à volonté. En ajoutant du lard au mouton, on améliore beaucoup cette soupe.

Soupe au petit salé avec lentilles ou pois secs. — Prenez un litre de lentilles ou un litre de pois secs, à votre choix; faites-les tremper dès la veille dans de l'eau un peu tiède. Au moment de vous en servir, lavez ces légumes à deux eaux, puis mettez-les dans la marmite avec quatre litres d'eau. Quand ils auront bouilli une heure environ, ajoutez le petit salé, laissez cuire à petit feu, et, une fois la cuisson achevée, trempez.

Soupe au jambon et aux haricots secs. — Mettez tremper vos légumes la veille, et au moment de vous en servir, mettez-les au feu en même temps que l'eau. Dès que cette eau commencera à bouillir, vous ajouterez le jambon et laisserez cuire quatre heures environ. Après cela vous tremperez votre soupe et servirez le jambon avec les haricots à part. On peut remplacer le jambon par un morceau de lard; seulement, dans ce cas, on laissera cuire moins longtemps.

Soupe grasse au fromage. — Quand le bouillon de bœuf

est très-léger, très-pauvre en jus de viande, on peut lui donner de la saveur en râpant du fromage de Gruyère ou de Hollande sur chaque lit de pain, avant de servir.

Riz au gras. — Procurez-vous une boîte en fer-blanc, percée de petits trous, comme une écumoire; mettez-y du riz, fermez la boîte et plongez-la dans le pot-au-feu. Quand le bouillon sera fait, retirez la boîte au riz, versez ce riz dans la soupière, puis le bouillon par-dessus. Ceux qui n'ont pas de boîte à leur disposition, peuvent faire crever le riz dans une casserole avec un peu d'eau, du beurre et du sel. Une fois crevé, versez le bouillon gras dessus; remuez et laissez cuire quelques minutes.

Julienne au gras. — On fait cuire d'abord tous les légumes, coupés fin, comme s'il s'agissait de préparer une julienne au maigre; après cela on y ajoute du bouillon gras; on laisse cuire un peu et l'on sert.

Soupe à la crème. — De toutes les soupes maigres, celle-ci est assurément la plus simple et la plus expéditive. Mettez de minces tranches de pain dans la soupière, versez sur ce pain deux ou trois bonnes cuillerées de crème, et trempez avec de l'eau bouillante convenablement salée.

Soupe à l'oignon. — Faites fondre un morceau de beurre dans une casserole en terre, et attendez qu'il roussisse. Aussitôt après, jetez-y un oignon haché bien menu, que vous laisserez roussir aussi. Après cela, versez de l'eau bouillante, salez, poivrez, et quand votre eau aura fait deux ou trois bouillons, versez-la sur le pain telle quelle si l'oignon roussi ne vous déplaît pas, ou en le séparant avec une passoire s'il vous déplaît.

Soupe à l'oignon et au fromage. — Elle se prépare comme la précédente; seulement, on a soin, avant de la tremper, de saupoudrer chaque lit de pain avec du fromage râpé. Lorsqu'on n'a pas de râpe, on se sert de fromage coupé en tranches très-minces. Le meilleur fromage pour cet usage est le gruyère, mais on peut lui substituer ceux de Hollande, de Herve, de Maroilles, etc. Plus le fromage est vieux, mieux il vaut, à l'exception pourtant de ceux de Herve et de Maroilles.

Soupe maigre dite panade. — Prenez des croûtes de pain ou du pain dur, mettez-les dans l'eau avec du sel; ajoutez un peu de beurre frais et laissez cuire jusqu'à ce que votre pain soit réduit en une sorte de bouillie, en ayant soin de remuer souvent. Telle est la panade commune. Si vous tenez à la rendre meilleure, ajoutez-y, au moment de servir, deux jaunes d'œufs délayés dans de la crème.

Soupe à l'oseille et aux pommes de terre. — Faites fondre un morceau de beurre, jetez-y une poignée d'oseille, un peu de cerfeuil et de la ciboule, le tout haché menu. Ensuite, pour quatre ou cinq personnes par exemple, pelez une dizaine de pommes de terre moyennes, coupez-les par petits morceaux, ajoutez-les à l'oseille quand elle sera cuite, tournez bien, mettez la quantité d'eau nécessaire, salez et poivrez, puis laissez cuire une heure au moins, et plus si vous le pouvez.

Soupe à la purée de pommes de terre. — Mettez l'eau nécessaire dans la marmite, et quand cette eau bouillira, jetez-y une douzaine de pommes de terre pelées (pour cinq ou six personnes). Laissez cuire, écrasez vos pommes de terre dans le bouillon, salez, poivrez. Quand la purée sera faite, autrement dit quand vos pommes de terre seront mises en bouillie, vous ajouterez de la crème ou du beurre et servirez sur quelques tranches de pain.

Soupe aux poireaux. — Prenez une douzaine de poireaux pour quatre ou cinq personnes, enlevez au couteau toutes les parties vertes du légume, hachez très-fin, mettez cuire en même temps que l'eau, avec sel, poivre et beurre. Faites bouillir pendant une heure au moins; trempez le pain et blanchissez votre soupe avec une ou deux cuillerées de crème.

Soupe verte. — Prenez de l'oseille, du pourpier, du cerfeuil, de la belle-dame rouge ou blonde, du poireau, de la ciboule, de la laitue et de la bette-poirée. Hachez le tout bien fin; faites cuire avec un morceau de beurre et tournez avec soin. Quand ce mélange sera à peu près cuit, vous verserez dans la marmite la quantité d'eau nécessaire, de l'eau bouillante plutôt que froide; vous salerez et laisserez bouillir une demi-heure; après quoi vous tremperez le pain et ajouterez deux jaunes d'œufs délayés dans la crème.

Soupe à la courge, au potiron ou à la citrouille. — Ces trois noms indiquent une seule et même chose; qui dit courge, dit potiron et citrouille. Mettez un demi-litre d'eau dans une marmite; prenez, pour six personnes par exemple, une tranche de courge d'un demi-kilogr. Enlevez la peau et les graines; coupez cette tranche par morceaux assez menus, jetez-les dans l'eau avec sel et force poivre. Quand la courge sera cuite, écrasez-la en purée; ajoutez un litre et demi de bon lait, quelques tranches de pain et laissez bouillir un quart d'heure. Aussitôt la soupe versée, jetez dessus un oignon haché roussi dans le beurre, afin d'en relever la saveur.

Soupe au bouillon de haricots verts.— Quand les haricots verts sont cuits et retirés de l'eau, gardez-vous bien de perdre le bouillon qui reste. Mettez-y une poignée d'oseille et de cerfeuil haché fin; poivrez; ajoutez de la crème ou du lait et versez sur votre pain. Si vous vous servez de lait au lieu de crème, vous devrez ajouter un peu de beurre. Si nous ne parlons pas du sel, c'est que les eaux qui ont servi à cuire les légumes ont été salées d'avance.

Soupe au bouillon de salsifis, de scorsonères, de choux-fleurs, de chervis, de scolyme d'Espagne, de bette à cardes. — La soupe au bouillon de chacun de ces légumes se fait exactement de la même manière que celle au bouillon de haricots verts; seulement, nous ferons observer qu'il convient de bien nettoyer les légumes d'abord, chaque fois que l'on se propose d'utiliser leurs bouillons.

Soupe au bouillon de haricots blancs. — On entend par haricots blancs, les graines de ce légume fraîchement *écossées*. L'eau qui a servi à les cuire fait une très-bonne soupe, pourvu que l'on y ajoute un peu d'oseille hachée, un bon morceau de beurre et du poivre.

Soupe aux fanes de pois. — C'est une préparation éminemment belge, et qui n'est point, que nous sachions, usitée en France. On prend les fanes, c'est-à-dire les tiges et les feuilles des pois verts très-tendres, alors qu'elles ont au plus de vingt à vingt-cinq centimètres, ou bien encore les extrémités des fanes des pois en fleurs que l'on pince; on en hache une bonne poignée avec un peu de cerfeuil; on fait cuire dans le beurre avec du sel, on ajoute de l'eau, on laisse bouillir une demi-heure, on trempe le pain et l'on blanchit avec de la crème. Cest une soupe de printemps très-recommandable.

Soupe à l'oseille. — Elle se prépare exactement de la même manière que la précédente.

Soupe au bouillon de fèves de marais en cosses ou en

grains. — Même manière de procéder que pour la soupe au bouillon de haricots verts.

Soupe aux pois verts. — Mettez dans la marmite un demi-litre d'eau, un demi-litre de pois et autant de petites carottes coupées en dés, ajoutez un peu de sel et gros de beurre comme une noix, laissez parfaitement cuire, blanchissez avec du lait, poivrez légèrement et trempez.

Soupe à la julienne. — Mettez dans une marmite un demi-litre d'eau; puis prenez sept ou huit carottes moyennes, coupées en petits dés, autant que possible des carottes de Hollande et d'Altringham, un quart de litre de pois verts, deux ou trois navets des Vertus ou le noir d'Alsace, un panais coupé menu, une poignée d'oseille, une laitue, du cerfeuil, de la ciboule, du pourpier, de la belle-dame, le tout haché bien fin. Ajoutez du sel, gros de beurre comme une noix et autant de sucre blanc. Laissez cuire une heure et demie à petit feu, et quand le tout sera bien cuit, vous ajouterez du lait ou bien du bouillon gras, s'il s'agit d'une julienne grasse. Après cela laissez bouillir à volonté et mettez de la crème ou du beurre en servant. Il va sans dire qu'on n'emploie pas de tranches de pain pour la préparation de cette julienne.

Soupe aux navets. — Mettez dans votre marmite la quantité d'eau nécessaire; quand elle commencera à bouillir, vous y jetterez une demi-douzaine de beaux navets de table coupés en petits morceaux. Après cela vous ajouterez un poireau haché avec un peu de céleri (côtes et feuilles tendres), vous salerez, poivrerez et laisserez cuire. Aussitôt les légumes cuits, vous ajouterez un demi-litre de lait, vous couperez le pain dans la marmite, laisserez faire un bouillon et servirez dans la soupière avec un bon morceau de beurre frais.

Soupe aux rutabagas ou navets de Suède. — Elle se prépare exactement comme celle aux navets; seulement elle exige moins de beurre.

Soupe aux choux, navets et pommes de terre. — Mettez bouillir la quantité d'eau nécessaire; prenez ensuite la moitié d'un cœur de chou cabus blanc moyen que vous couperez bien fin, deux beaux navets également coupés et sept ou huit belles pommes de terre entières. Quand l'eau entrera en ébullition, vous mettrez tous ces légumes dans la marmite, vous ajouterez sel et poivre, et laisserez cuire trois heures. Quand le tout sera bien cuit, vous écraserez les pommes de terre dans le bouillon, et ajouterez du lait et un peu de pain. Lorsque ce pain sera suffisamment trempé, vous verserez dans la soupière et blanchirez avec un peu de crème. Cette soupe, qui n'exige pas de beurre, est excellente, surtout réchauffée.

Soupe aux choux. — Mettez de l'eau dans la marmite, prenez un petit chou de Milan, un poireau et une gousse d'ail. Coupez le tout bien fin, excepté l'ail que vous retirerez au moment de servir; jetez dans l'eau ces légumes, alors qu'elle commencera à bouillir, ajoutez sel et poivre et laissez cuire. Ensuite coupez votre pain dans la soupière, mettez-y un bon morceau de beurre frais et trempez.

Soupe aux choux-raves. — Suivez le même procédé que pour la soupe aux choux; seulement, poivrez un peu plus.

Soupe aux feuilles de navette. — Dans un grand nombre de localités les feuilles tendres de la navette servent à préparer une soupe qui se rapproche beaucoup de celle aux choux et se fait de la même manière.

Soupe au lait et à l'oignon. — Faites roussir dans du beurre un oignon coupé par petits morceaux; après cela, versez la quantité de lait nécessaire, salez, laissez bouillir et trempez. On peut encore délayer un peu de farine dans le beurre avant de verser le lait; c'est ce qu'on appelle faire un roux.

Soupe au bouillon de légumes secs. — Le bouillon qui a servi à cuire des haricots secs, des pois secs, des lentilles, est excellent pour faire de la soupe. Après avoir retiré la plus grande partie des légumes cuits pour les assaisonner à part, on laisse l'eau de cuisson sur le feu, on coupe du pain dedans, on sale et on poivre; cela fait, on ajoute de la crème et du beurre, ou si mieux vous aimez, on fait roussir de l'oignon haché dans le beurre et l'on verse dans la soupe. Le bouillon n'en acquerra que plus de goût. On peut aussi se contenter de mettre du lait pour améliorer ce bouillon.

Soupe au riz et à l'oseille. — Faites roussir un bon morceau de beurre. Quand il sera roux, mettez-y une poignée d'oseille et un poireau, le tout haché, puis tournez toujours. Une fois l'oseille cuite, versez dessus un litre d'eau dans laquelle vous ferez crever un demi-litre de riz. Laissez cuire et ajoutez de la nouvelle eau au fur et à mesure que le riz crèvera. Quand il sera tout à fait cuit, vous ajouterez de la crème ou du lait.

Soupe à la purée de carottes. — Faites cuire des carottes (celles d'Altringham préférablement) dans de l'eau avec une pincée de sel. Une fois cuites, écrasez-les et passez-les dans une passoire ordinaire; mettez cette purée sur le feu, en y ajoutant du lait ou de la crème; laissez cuire un quart d'heure à petit feu, et servez votre potage en y ajoutant des petits carrés de pain rôtis ou frits dans le beurre ou à la rigueur dans le saindoux.

Soupe à la purée de pois secs. — Faites cuire parfaitement les pois; pressez-les sur la passoire; prenez la purée qui en sort, ajoutez-y de l'eau pour l'éclaircir, mettez sur le feu; coupez dedans quelques rares tranches de pain; poivrez, et, avant de servir, versez dans votre purée de l'oignon roussi dans le beurre.

Soupe à la purée de haricots secs. — Même préparation que pour la soupe à la purée de pois secs.

Bouillie à la farine de maïs ou gaudes. — Mettez de l'eau sur le feu et versez-y de suite la farine de maïs, en ayant soin de la tourner continuellement pour empêcher les grumeaux de se former. Salez et faites bouillir pendant une heure au moins. Avant de retirer cette bouillie du feu, versez-y du lait, laissez faire quelques bouillons et servez. Une fois les gaudes dans les assiettes, chacun peut y ajouter un morceau de beurre frais, mais dans nos campagnes, on s'en dispense assez généralement par raison d'économie.

Quand on ne regarde pas de trop près à la dépense, on s'y prend d'une autre manière pour la préparation de cette bouillie. On délaye la farine de maïs dans un peu d'eau, et au fur et à mesure qu'elle s'épaissit en bouillant, on y verse du lait jusqu'à complète cuisson.

La bouillie de maïs froide peut être réchauffée sans inconvénient, soit dans une casserole de terre, soit même sur le gril.

Bouillie à la farine d'avoine ou soupe à l'avoine des Ardennais. — L'avoine destinée à cet usage doit être desséchée d'abord au four, après la cuisson du pain, puis moulue et enfin tamisée avec beaucoup de soin. Mettez du lait sur le feu, et tandis qu'il chauffe, délayez votre farine dans un vase avec de l'eau et un peu de sel. Quand le lait bouillira, versez-y la farine ainsi délayée, en ayant soin de tourner vite pour qu'elle ne se prenne pas en grumeaux. Laissez cuire pendant trois quarts d'heure, en remuant souvent; enfin, servez et ajoutez du beurre frais ou des croûtons frits dans le beurre.

Bouillie à la farine de sarrasin. — Même préparation que pour la précédente.

Bouillie au riz. — Mettez du riz sur le feu avec un peu d'eau et du sel, et à mesure qu'il crève, ajoutez du lait. Lorsqu'il est bien cuit en purée, retirez du feu et délayez deux ou trois jaunes d'œufs que vous verserez dedans.

Simple observation. — Dans la préparation des diverses soupes, nous avons souvent conseillé l'emploi de la crème. Dans les grandes villes, il n'est pas toujours facile d'en trouver; à Paris, nous la remplaçons par ce qu'on nomme le petit *Gervais* ou le petit *Suisse* qu'on nous vend pour du fromage, mais qui, en réalité, n'est que de la crème épaisse et salée.

III

PRÉPARATION DES SAUCES

Sauce blanche. — Commencez par verser un demi-verre d'eau dans une casserole que vous mettrez ensuite sur le feu. Pendant que l'eau chauffera, vous délayerez dans une tasse une cuillerée de farine avec du lait, en ayant soin de verser le lait doucement et de tourner toujours. Après cela, vous salerez et poivrerez convenablement. Dès que l'eau de la casserole bouillira, vous y verserez la farine délayée, vous ajouterez un peu de beurre, vous tournerez, vous laisserez faire trois ou quatre bouillons et retirerez du feu. Une fois retirée, vous lierez la sauce blanche avec un jaune d'œuf. Elle vous servira pour les choux-fleurs, les asperges, les artichauts, les choux-raves, etc.

Sauce rousse ou roux. — Faites fondre du beurre dans une casserole ; ajoutez de la farine ; tournez avec une cuillère en bois, et quand le mélange est fait, versez de l'eau chaude. Dès qu'il commence à bouillir, ralentissez le feu et laissez mijoter jusqu'à ce que la sauce ait pris une belle couleur.

Sauce au beurre noir. — Faites fondre du beurre dans une poêle ; laissez-le sur le feu jusqu'à ce qu'il noircisse, puis ajoutez un filet de vinaigre et du sel.

Sauce à la crème. — Mettez dans une casserole du beurre pétri avec un peu de farine ; ajoutez de la crème, et tournez jusqu'à ce que le mélange soit près de bouillir. Mettez sel, poivre, retirez avant l'ébullition, versez un filet de vinaigre et liez la sauce avec des jaunes d'œufs.

Sauce à la maître d'hôtel. — On prend, par exemple, 125 grammes de beurre bien frais, une bonne poignée de persil que l'on hache très-fin ; on manie le tout ensemble avec sel, poivre et un peu de jus de citron ; on met le mélange sur le plat avec une viande rôtie par-dessus.

Sauce Robert. — Faites roussir 125 grammes de bon beurre frais ; et quand il sera roux, vous y couperez menu 5 ou 6 oignons que vous laisserez bien jaunir dans le beurre ; vous ajouterez poivre, sel, et vous mouillerez avec du bouillon. C'est une excellente sauce pour manger les œufs durs coupés par quartiers.

Sauce à la tartare. — On met dans un vase une cuillerée de bouillon, autant de moutarde, deux jaunes d'œufs crus, sel, poivre et muscade râpée. On remue bien, et après avoir remué, on ajoute trois ou quatre cuillerées d'huile d'olives, une demi-cuillerée de vinaigre et un mélange finement haché de cerfeuil, d'une pointe d'échalote, d'un peu d'ail et de quelques feuilles d'estragon.

Sauce à la moutarde. — On met un morceau de beurre dans un plat avec sel, poivre, et une bonne cuillerée de moutarde. On chauffe et l'on tourne jusqu'à ce que le tout soit lié. — Cette sauce est spéciale pour les harengs frais.

Sauce mayonnaise. — Mettez dans une tasse deux jaunes d'œuf crus, du sel, du poivre et un peu de vinaigre. Remuez de suite avec une cuillère en bois, en tournant du même côté. Quand le mélange commencera à se lier, vous ajouterez de l'huile d'olives très-doucement, un peu de jus de citron, et vous continuerez de tourner. La mayonnaise accompagne les salades de volaille, les filets de sole, les entrées froides.

Sauce au pauvre homme. — C'est une sauce très-relevée qui convient surtout pour les rôtis de gibier. D'après le *Dictionnaire de la Vie à la campagne*, on doit la préparer de la manière suivante :

On mélange, dans une casserole, une cuillerée à bouche d'échalotes hachées très-finement, une cuillerée à café de persil haché, un verre de bouillon, un peu de vinaigre, du poivre et du sel. On met sur le feu et dès que l'ébullition commence, on place cette sauce sous les rôtis pour qu'elle se complète en en recevant le jus.

Sauce piquante. — Mettez dans une saucière ou dans une

tasse quelconque trois cuillerées de vinaigre, une demi-cuillerée de moutarde, persil et ciboule hachés, poivre et sel; tournez et versez de l'huile à mesure. — On peut remplacer le persil et la ciboule par des cornichons hachés.

Sauce aux tomates. — Pelez des tomates bien mûres, mettez-les dans une casserole avec sel, poivre, une gousse d'ail, et tournez jusqu'à ce que les tomates soient liquides. Passez ensuite au tamis; mettez cette sauce sur le feu avec gros comme une noix de beurre manié dans la farine, une cuillerée de bon bouillon; laissez chauffer quelques minutes et servez.

IV

LÉGUMES PAR ORDRE ALPHABÉTIQUE

Amarante de Chine

C'est un de ces légumes d'importation nouvelle, dont on parle quelquefois dans les journaux et les sociétés d'horticulture, dont on ne parle jamais dans les cuisines, mais que l'on doit connaître au moins de nom. On apprête les feuilles de l'amarante comme celles de l'épinard, au gras et au maigre.

Arroche belle-dame

La belle-dame ou bonne-dame, très-cultivée dans le nord de la France et en Belgique, n'est pas un légume indispensable, mais il a le mérite de fournir de bonne heure des feuilles qu'on associe aux soupes vertes du printemps ou que l'on fait cuire avec l'oseille et la patience pour les adoucir. — Il y a deux arroches, la blonde et la rouge. En cuisine, on n'emploie que la blonde.

Artichaut

Artichauts crus à la poivrade ou au sel. — Prenez de petits, c'est-à-dire de jeunes artichauts, coupez la queue et les premières feuilles ou mieux les premières écailles; divisez-les en petits morceaux, après avoir eu soin de retirer le foin, et servez-les dans de l'eau bien fraîche, pour qu'ils ne noircissent pas. Après cela, mangez avec une sauce poivrade, ou tout simplement avec du sel.

Artichauts cuits à la poivrade ou à la sauce blanche. — Choisissez de gros artichauts de Laon, enlevez la queue et les premières écailles ou bractées; coupez le bout des autres écailles avec des ciseaux, puis mettez-les dans un chaudron, où il y ait de l'eau bouillante en quantité suffisante pour les couvrir aux trois quarts. Ajoutez du sel, du poivre, un bouquet de persil et de ciboule, et laissez cuire jusqu'à ce que vous puissiez facilement en détacher une écaille. Retirez alors, faites égoutter en les renversant sens dessus dessous; laissez refroidir, retirez le foin et servez, soit avec une poivrade, soit avec une sauce blanche.

Artichauts grillés. — Préparez vos artichauts comme les précédents, mais ne les laissez cuire qu'à moitié. Retirez-les, laissez égoutter, ôtez le foin. Ensuite, mettez à la place de ce foin la préparation suivante : persil et ciboule hachés très-fin, sel, poivre, cuillerée de chapelure ou croûte de pain râpée, une cuillerée de bonne huile, le tout bien mélangé. Achevez, après cela, de cuire les artichauts sur le gril, et servez très-chaud.

Artichauts à la poulette. — Épluchez vos artichauts de manière à ne laisser que les feuilles les plus tendres, en ayant soin toutefois de retirer le foin ; coupez-les ensuite en petits morceaux que vous jetterez dans l'eau bouillante avec un peu de sel. Lorsqu'ils seront cuits, plongez-les dans l'eau fraîche, faites-les bien égoutter et accommodez-les à la poulette. Voici la manière de préparer cette sauce : Mettez dans une casserole un bon verre d'eau, un quart de beurre frais, une pincée de farine, du persil haché très-fin, du sel, du poivre ; tournez le tout jusqu'à ce que la sauce commence à bouillir, puis ajoutez-y deux jaunes d'œufs et une cuillerée de crème ; mettez vos artichauts dedans et servez. Pour relever la saveur de cette sauce à la poulette, on peut y mettre quelques cornichons hachés, ou bien le jus d'un demi-citron, ou bien encore, à défaut de cornichons ou de citron, un filet de vinaigre.

Artichauts à la Barigoule. — Épluchez vos artichauts, mettez-les cuire dans l'eau bouillante, égouttez-les, et ôtez le foin que vous remplacerez par un hachis ainsi fait : Prenez un morceau de lard gras, un reste de viande, deux oignons, une bonne pincée de persil ; hachez le tout et bourrez-en l'intérieur de vos artichauts. Placez-les ensuite dans une casserole avec du beurre, sur un feu doux ; laissez vingt minutes et servez avec une sauce blonde.

Asperge.

Asperges à l'huile. — Grattez et lavez d'abord vos asperges, formez-en de petites bottes que vous attacherez avec du gros fil, jetez-les dans l'eau bouillante avec un peu de sel, laissez cuire jusqu'à ce que le légume cède sous les doigts, puis retirez, faites égoutter et servez avec une sauce à l'huile et au vinaigre.

Asperges à la sauce. — Préparez vos asperges de la même manière, en ayant soin de les servir chaudes avec une sauce blanche dont nous ne rappellerons pas ici la composition, puisque nous l'avons déjà indiquée.

Asperges en petits pois. — Prenez des asperges vertes, longues et petites, grattez-les un peu et les lavez. Après cela, coupez en petits morceaux dans une casserole, ajoutez un verre d'eau, un bon morceau de beurre frais, un peu de sel et laissez cuire. La cuisson achevée, délayez un peu de farine dans une jatte de crème avec deux jaunes d'œufs bien battus, versez cette sauce sur vos asperges, laissez chauffer légèrement et servez.

Aubergine.

Si dans le Midi l'aubergine appartient à la cuisine de tout le monde, dans le Nord il n'en est pas de même. C'est déjà un légume de luxe.

Aubergines grillées. — Coupez l'aubergine en deux dans le sens de la longueur; tailladez bien la chair avec la pointe d'un couteau, mettez sur chaque partie du sel, du poivre, un peu d'ail haché très-menu, mettez sur le gril, chauffez doucement avec un mélange de braise et de cendres chaudes et retournez de temps en temps.

Aubergines frites. — On divise les aubergines par tranches minces, dans le sens de la longueur; on les place sur une assiette et on les sale. Au bout d'une heure environ, on les égoutte, on les essuie avec un linge et on les fait frire à l'huile, en ajoutant à la friture, si l'on veut, un peu d'ail et de persil hachés. Les aubergines frites sont servies telles ou avec une sauce tomate.

Aubergines farcies. — On coupe les aubergines en deux, dans le sens de la longueur ; on enlève une partie de la chair de chaque morceau, sans offenser la peau. On hache cette chair, on la sale et on la laisse à peu près une heure sur une assiette. Après cela, on la mêle avec quantité égale de mie de pain trempée dans du lait ou dans du bouillon. On prend d'un autre côté un morceau de beurre, gros comme un œuf, autant de lard haché très-fin, un peu d'ail, des échalotes, de l'huile d'olive, du persil haché également. On mêle le tout à la chair des aubergines et l'on passe au beurre sur le feu. On ajoute ensuite un quart de farce cuite, on mêle bien, et on remplit de ce mélange les aubergines qui ont été creusées pour enlever la chair. On unit la pâte, on la pane et on la met au four pendant une demi-heure sur le gril en recouvrant du four de campagne.

Bette poirée ou à cardes

Bette poirée à la sauce blanche. — La bette poirée est cultivée pour ses feuilles et pour ses côtes. Il y en a de rouges, de jaunes, de blanches, etc. Les blanches sont les meilleures pour la cuisine. Voici la manière de préparer la bette poirée à la sauce blanche : On enlève d'abord les parties vertes de la feuille, de façon à ne conserver que les larges côtes ou cardes. On coupe ensuite ces côtes par morceaux et on enlève en même temps, des deux côtés, la peau très-mince qui les recouvre. Ceci fait, on les lave, on les fait cuire à l'eau bouillante avec du sel et une cuillerée de farine. Aussitôt cuites on les met égoutter, et l'on sert avec une sauce blanche, liée avec plusieurs jaunes d'œufs et un filet de vinaigre.

Betterave

La betterave n'est pas un de ces légumes de première nécessité qui remplissent un rôle important dans la cuisine des campagnes. Elle n'est recherchée que du plus petit nombre. Toutes les betteraves dites à *salade*, et cultivées dans le potager, sont également bonnes; cependant, nous estimons mieux les jaunes que les rouges; elles nous paraissent plus délicates et plus convenables pour la fricassée et la sauce blanche. Vous choisirez donc parmi les variétés *grosse rouge* à salade, *castelnaudary* rouge et jaune, *plate de Bassano* rouge et jaune, *white*, *parkin*, *violette*, etc., celles qui réussissent le mieux dans votre terrain, et les cultiverez pour les besoins de votre cuisine.

On fait cuire les betteraves soit dans l'eau bouillante, soit au four, soit sous la braise du foyer. Le premier moyen est le plus expéditif, mais les betteraves cuites au four et sous la braise sont les seules vraiment bonnes.

Betterave en fricassée. — Aussitôt que vos racines sont cuites, coupez-les par tranches dans une casserole, avec un morceau de beurre bien frais, du persil, de la ciboule, une gousse d'ail, le tout haché bien menu. Ajoutez une bonne pincée de farine, deux cuillerées de vinaigre, du sel, du poivre; laissez bouillir vingt minutes et servez.

Betterave à la sauce blanche. — Versez une sauce blanche bien vinaigrée sur vos betteraves cuites et coupées par tranches.

Betterave en salade. — Une fois cuite et coupée par rondelles minces, on l'assaisonne avec huile, vinaigre, moutarde, sel, poivre, comme toutes les salades, et on lui donne le temps de bien s'imprégner.

Très-souvent, au lieu de faire une salade uniquement avec de la betterave, on associe cette racine au céleri, à la mâche, à la raiponce.

Jets de betterave en salade. — En Belgique, il est d'usage assez fréquent d'enterrer de petites betteraves dans la cave. Elles y poussent des jets fort tendres que l'on prépare en salade.

Feuilles de betteraves en épinards. — Les feuilles de toutes les betteraves, fourragères et autres, peuvent, ainsi que celles de la bette poirée, être utilisées en guise d'épinards. A cet effet, jetez les feuilles en question dans l'eau bouillante avec de l'oseille. Une fois cuites, faites égoutter et hachez. Mettez ensuite dans une casserole un morceau de beurre bien frais, jetez-y vos herbes avec du sel, du poivre et un peu de farine; mouillez avec un verre de crème, laissez faire un tour sur le feu et servez.

Cardon

Le cardon est une espèce d'artichaut dont on ne mange pas les têtes. Ce sont les larges côtes de ses feuilles, étiolées ou blanchies sous des capuchons de paille, qui servent à la consommation. Bon nombre de personnes s'imaginent que les cardons doivent être réservés exclusivement à la table des grands seigneurs, que les cardons exigent une très-grande habileté de la part des cuisiniers et des cordons bleus, que c'est, pour ainsi dire, un légume d'épreuve. Il existe, en effet, une préparation délicate et difficile, mais, comme elle n'est pas la seule applicable aux cardons, nous la laisserons de côté et parlerons de celles qui sont à notre portée. De même que l'on peut manger les perdrix sans oranges, on peut manger aussi les cardons sans dépenser beaucoup d'art à les préparer, sans avoir la sauce de grand seigneur.

Cardons au maigre. — Épluchez vos cardons, coupez-les par morceaux et jetez-les dans l'eau bouillante avec du sel et une cuillerée de farine, pour les empêcher de noircir. Aussitôt cuits, retirez-les et faites égoutter. Servez dessus une sauce blanche ou une sauce blonde.

Cardons au jus. — Faites cuire les cardons comme les précédents; puis mettez une cuillerée de graisse dans une casserole, une cuillerée de farine; laissez roussir; ajoutez tout doucement un peu de bouillon gras, un petit bouquet de persil, du sel, du poivre; faites bouillir vingt minutes environ, mettez vos cardons dans le roux, et un peu de jus; laissez réduire la sauce et servez.

Cardons au gratin. — Faites cuire vos cardons. Après cela beurrez un plat, saupoudrez-le de chapelure, arrangez-y lesdits cardons; saupoudrez encore de mie de pain, arrosez de beurre fondu; salez un peu; mettez le plat sur de la cendre très-chaude, recouvrez-le d'une tôle chargée de braise, faites prendre une belle couleur et servez. On peut également obtenir un excellent gratin en ajoutant à la mie de pain du fromage de Hollande ou du gruyère râpé.

Carotte

Toutes les variétés de carottes, les blanches aussi bien que les rouges et les jaunes, peuvent être employées dans la cuisine, surtout quand elles sont jeunes. Nous avons mangé des blanches à collet vert, des blanches de Breteuil, des blanches des Vosges, et, à notre avis, elles ne sont pas trop à dédaigner. Cependant, s'il est vrai que toutes les carottes sont mangeables, il est vrai aussi que les unes sont meilleures que les autres. Or, puisque nous avons le choix, choisissons.

Les variétés les plus estimées, et avec raison, sont la *carotte courte de Hollande*, la *carotte demi-longue de Hollande*, vendue à Paris sous le nom de carotte de Croissy, la *carotte nantaise*, un peu allongée et très-sucrée, et enfin la longue *carotte d'Altringham*. Il existe encore une longue carotte très-sucrée, appelée *violette d'Espagne*. Sur la table, elle a mauvaise mine, bien qu'excellente. Une seule racine dans le pot-au-feu colore parfaitement le bouillon et dispense de l'emploi de l'oignon brûlé ou de la carotte desséchée au four par rondelles.

La carotte *jaune d'Achicourt*, qui est très-productive, est fort recommandable pour la cuisine; elle suit de très-près les variétés que nous venons de signaler.

Ragoût de carottes au maigre. — Ratissez vos carottes, coupez-les en filets ou lanières, jetez-les dans l'eau bouillante et les retirez au bout de cinq minutes; faites égoutter, puis versez votre légume dans une casserole avec un morceau de beurre, du sel, du poivre et du persil haché. Laissez cuire et mouillez avec du lait. Après cela, retirez du feu, liez avec des jaunes d'œufs, et servez.

Ragoût de carottes au gras. — On fait blanchir les carottes comme précédemment; puis on met des tranches de lard dans une casserole avec un peu de beurre, et quand le lard est frit, on y verse les carottes, et l'on ajoute sel, poivre, persil et ciboule hachés. On mouille avec un peu de bouillon, on laisse cuire complétement et l'on sert.

Carottes à la maître d'hôtel. — Ratissez, coupez en lanières, et jetez votre légume dans l'eau bouillante avec un peu de beurre et du sel, et laissez cuire. Mettez ensuite dans une casserole un morceau de beurre, du persil et de la ciboule hachés bien fin, tournez plusieurs fois vos carottes dans la casserole et servez.

Carottes à la flamande. — Coupez les carottes en rondelles, faites-les blanchir pendant dix minutes dans l'eau bouillante; ensuite, mettez-les dans une casserole avec un morceau de beurre, un peu de bouillon, du sucre, un peu de sel et des fines herbes. Laissez cuire quelque temps et servez.

Carottes à la sauce blanche. — Ratissez vos carottes, lavez-les, coupez-les par tranches, et faites-les cuire dans l'eau bouillante avec du sel et un peu de beurre. Après cela, mettez un morceau de beurre frais dans une casserole, une cuillerée de farine et tournez en ajoutant un peu de crème. Jetez-y vos carottes, assaisonnez avec sel, poivre et persil haché fin. Tournez-les bien, retirez du feu, liez avec des jaunes d'œufs et ajoutez un filet de vinaigre.

Quand nous parlerons des viandes de bœuf, de mouton, de veau et de porc, nous indiquerons d'autres préparations dans lesquelles entrent encore les carottes.

Céleri

Le plus ordinairement, on mange le céleri cru, en salade, ou tout simplement à la main, comme dans le Nord, en le trempant dans une sauce à l'huile et au vinaigre. Cependant on l'apprête aussi à la manière des cardons. Il va sans dire que nous parlons en ce moment du céleri à côtes, après qu'il a été étiolé dans les jardins.

On enlève les feuilles vertes de ce céleri, on le jette dans l'eau bouillante salée, pour le blanchir; on l'en retire pour le jeter dans l'eau froide; aussitôt rafraîchi, on le retire, on le laisse égoutter, et, après cela, on le fait cuire dans une casserole avec du beurre manié d'un peu de farine et du bouillon. On sale et on poivre; ceux qui aiment la muscade en mettent un peu. Au moment de servir on sucre légèrement et on lie la sauce avec un roux ou avec de la fécule de pomme de terre.

Céleri frit. — Vous commencez par le blanchir dans l'eau bouillante pour lui enlever un peu de sa saveur pénétrante, puis vous le mettez cuire dans une seconde eau, vous l'égouttez, l'essuyez, le trempez dans la pâte pour le faire frire et le servez après l'avoir saupoudré de sucre.

Cerfeuil bulbeux ou tubéreux

Le cerfeuil bulbeux n'est pas encore bien répandu sur nos marchés français, mais il tend à se faire connaître et nous ne devons pas le passer sous silence. Personnellement, nous le tenons pour un légume d'une finesse contestable; mais nous n'avons pas à faire prévaloir ici nos goûts sur ceux du public, et puis il convient d'établir que les bulbes de cerfeuil ont des partisans assez nombreux. Ces bulbes grisâtres ont la forme de petites carottes et ont été figurés très-heureusement dans le *Jardin potager* de M. P. Joigneaux. — « Cette racine cuite, dit cet auteur, nous paraît trop pâteuse; sa saveur emprunte quelque chose à celle du panais et du cerfeuil ordinaire. Frite, on la dit bonne. »

C'est, en effet, la meilleure manière de la servir, et encore, pour qu'elle soit agréable, il faut la servir bien chaude.

Champignons

Champignons au gratin. — Prenez les champignons de couche qu'on vend sur nos marchés ou l'agaric comestible des champs qui est le même; épluchez-les, c'est-à-dire dépouillez-les de leur pellicule et de leurs feuillets; passez-les au beurre dans une casserole; ajoutez du persil et des échalotes hâchés menu, puis de la farine, puis du bouillon; salez, poivrez, faites cuire doucement. Une fois cuits, mettez les champignons sur un plat qui aille au feu, couvrez de chapelure et faites roussir au four de campagne.

Champignons à la provençale. — On met les champignons avec de l'huile d'olive, du sel, du gros poivre et de l'ail; on les laisse mariner, et ensuite, au bout de quelques heures, on les fait sauter dans la poêle avec leur marinade. Lorsqu'ils ont pris une belle couleur, on ajoute du persil haché, du jus de citron ou un filet de vinaigre.

Ragoût aux champignons. — On met les champignons dans une casserole avec beurre, sel, poivre, persil et ciboules hachés, deux cuillerées de vinaigre, et on fait cuire à petit feu. Les morilles, les chanterelles comestibles ou giroles, les bolets ou ceps, et les oronges peuvent être apprêtés de la même façon.

Chervis

Le chervis, que l'on nomme encore *chirouis* parmi les jardiniers, fournit de nombreuses racines enchevêtrées, noueuses et d'un petit volume. Ces racines ont, à notre avis, l'inconvénient de trop exercer la patience des cuisinières, à cause de la difficulté de les éplucher. Elles sont très-sucrées et du goût d'un certain nombre de consommateurs. Il est douteux, néanmoins, que ce légume, autrefois vanté et recherché, surtout dans le Midi, ressaisisse le terrain qu'il a perdu en même temps que sa vieille réputation. Au dire des jardiniers, il exige trop d'eau et les soins de culture ne sont pas payés.

Les préparations culinaires du chervis sont exactement celles des salsifis et des scorsonères qui ont beaucoup plus d'importance, et, afin de n'être pas forcé de tomber dans les redites, nous renvoyons nos lecteurs à ces légumes.

Chicorée ou endive

Les chicorées-endives, que l'on nomme aussi endives tout court, occupent une large place dans les potagers, surtout dans le nord de la France. On en consomme des quantités considérables, soit à l'étuvée, au jus, soit en salade. On en cultive de diverses sortes, sous les noms de chicorée de Meaux, d'Italie, de Rouen, de Hollande, mousse, frisée, etc.; mais comme nous n'avons pas à nous expliquer sur le compte de ces variétés et sous-variétés, qui sont du domaine du jardinier plutôt que de celui de la ménagère, nous nous bornerons à dire que les chicorées se distinguent en frisées ou à feuilles plus ou moins découpées, et en scaroles ou en chicorées à feuilles larges. Les unes comme les autres peuvent être utilisées de la même manière; cependant, il est d'usage d'employer les frisées pour les préparations cuites et les scaroles pour les salades. Ces scaroles se conservent mieux en cave que les autres chicorées-endives. Entre toutes, les plus avantageuses sont celles qui offrent le cœur le mieux fourni et qui ont été arrosées avec le plus de soin, soit qu'il s'agisse de les manger crues, soit qu'il s'agisse de les soumettre à la cuisson.

Chicorée à l'étuvée. — Enlevez les feuilles de la base et les plus grosses côtes, épluchez, lavez à plusieurs eaux, puis jetez le légume dans de l'eau bouillante avec du sel. Laissez cuire, puis retirez les endives et les jetez dans l'eau froide. Après cela, pressez fortement ces feuilles cuites dans les mains, de manière à les égoutter, à les mettre en boules, et hachez ces boules très-menu. Mettez dans une casserole un morceau de beurre, une cuillerée de farine, tournez avec une cuillère en bois jusqu'à ce que tout le beurre soit fondu, ajoutez vos chicorées et assaisonnez de poivre, sel, muscade si vous en avez, mouillez avec un peu de bouillon gras et ajoutez, au besoin, des graisses de viande rôtie. On peut servir seules les chicorées ainsi préparées, ou leur associer des viandes rôties.

Chicorée au maigre. — Faites-les cuire de la même manière que les précédentes, puis mettez-les dans la casserole avec du beurre, de la crème, et liez avec des jaunes d'œufs avant de servir.

Chicorée cuite en salade. — Nettoyez vos endives et faites-les cuire entières dans de l'eau salée. Retirez et plongez dans l'eau froide. Lorsqu'elles seront bien égouttées, vous les couperez sur un plat creux et garnirez de betteraves cuites, rouges ou jaunes, peu importe, et les assaisonnerez comme une salade.

Chou

Tous les choux ne possèdent pas indistinctement les mêmes qualités; ils ne conviennent pas tous également aux mêmes préparations. La ménagère doit donc apprendre d'abord à les connaître, à les distinguer les uns des autres, afin de n'être plus embarrassée dans son choix quand nous lui dirons : — Dans telle ou telle circonstance, prenez celui-ci plutôt que celui-là. — Deux ou trois races exceptées, qui sont les choux verts, blonds et frisés d'hiver, ne pommant pas, nous n'employons d'ordinaire, pour les usages de la cuisine, que des choux cabus ou à pommes.

Nous avons d'abord les choux rouges. Pour la cuisine, ils se divisent en communs et en fins. Les communs, qui atteignent un fort volume, sont le *rouge de Frise* à pomme ronde et d'une couleur vive, le *polonais* à pomme aplatie et d'un rouge foncé jusqu'au brun, le *chou de Gand* à côtes et nervures d'un rouge clair, mais à feuilles décolorées. Les choux rouges fins sont ceux *d'Utrecht* ou *tête de nègre*, d'un rouge sombre, velouté. Ils pomment moins volontiers que les autres et ne donnent que des têtes d'un petit volume, mais d'une dureté extrême.

Nous avons ensuite les choux cabus blancs à feuilles lisses. Ceux-ci comprennent plusieurs races utiles, parmi lesquelles nous citerons les *choux-pain*, *cœur de bœuf*, *d'York*, *cabbage*, de *Winnigstadt*, qui tous affectent la forme conique plus ou moins régulière; le gros *chou blanc d'Allemagne* et le *quintal d'Alsace à* pomme ronde sphérique; le *trapu de Brunswick* à pomme ronde très-aplatie et très-rapprochée de terre; le *chou joannet*, variété du précédent, à pomme plus petite, irrégulièrement ronde, se formant vite, crevant presque toujours, mais plus délicate que celle du Brunswick.

Nous avons encore les choux cabus à feuilles cloquées, que l'on nomme, à l'étranger, *choux de Savoie*, et en France, *choux de Milan*. Les uns, les plus petits, sont précoces et à pommes tantôt rondes, tantôt allongées; les autres, les plus gros, sont tardifs et à pommes rondes. Une troisième variété se range encore parmi les choux de Savoie : c'est le *chou à jets*, ou *à rosettes*, ou de

Bruxelles, comme l'on dit encore. Celui-ci est un chou d'hiver qui ne donne que de petites pommes du volume d'une noix, à l'aisselle de ses feuilles.

Nous avons enfin les choux qui ne pomment pas, et dont il a été parlé plus haut, choux d'un faible rapport, mais que l'on s'estime heureux de trouver dans le potager, à la sortie de l'hiver, en même temps que celui de Bruxelles. Parmi ces choux qui ne pomment pas, nous recommandons principalement le *blond d'hiver*.

Généralement, les choux les plus estimés sont ceux de Milan, c'est-à-dire les cabus à feuilles cloquées. Si nous ne plaçons pas en première ligne, dans cette catégorie, le chou à jets, c'est parce qu'il est en quelque sorte inconnu dans nos campagnes. Nous voulons bien reconnaître, avec le plus grand nombre, la supériorité des cabus à feuilles cloquées sur les cabus blancs à feuilles lisses, nous voulons bien reconnaître qu'ils sont plus tendres, d'une cuisson plus facile et d'une saveur moins prononcée ; mais on nous permettra de faire remarquer en passant qu'ils ont les défauts de leurs qualités. Ils tombent en purée et se réduisent à rien la plupart du temps. Ainsi, nous ne conseillerons pas d'en faire cuire avec le lard, car, alors même que l'on bourrerait la marmite jusqu'à l'anse, les amateurs n'y trouveraient pas leur compte après la cuisson. Dans ce cas particulier, on doit préférer les choux-pain bien durs et bien jaunes, les choux pointus de Winnigstadt, les trapus de Brunswick et joannet aux choux de Savoie ou de Milan. Ils se défont moins, rendent plus au plat et sont plus savoureux. A défaut de ces derniers cabus, vous pourriez vous servir du gros blanc d'Allemagne, du quintal d'Alsace, mais ils ne valent pas les autres, et, d'ordinaire, on les réserve pour la fabrication de la choucroute.

Maintenant que nos lectrices savent à quoi s'en tenir sur les qualités des diverses races de choux, il ne nous reste plus qu'à les entretenir des préparations qui conviennent à chacune d'elles ;

après quoi nous leur parlerons des choux-fleurs, choux-raves et choux-navets.

Conserve de choux rouges. — Autant que possible, prenez des choux d'Utrecht ou têtes de nègre, bien que les choux communs puissent servir, à défaut des premiers. Coupez-les en lanières très-fines, formez-en un lit au fond d'un pot, saupoudrez ce lit de sel blanc et mêlez-y quelques grains de poivre. Tassez fortement; refaites un second lit, salez-le et poivrez-le comme le premier, puis tassez; et ainsi de suite, jusqu'à ce que le pot soit à peu près plein; enfin versez du vinaigre sur le tout, de manière à ce que les choux baignent dedans. Au bout de quinze jours ou trois semaines, vous pourrez vous servir de la conserve, à titre d'apéritif, à la place de cornichons, avec le bœuf ou autres viandes. Vous pourrez également en ajouter à toutes les salades, en manière de fourniture.

Salade aux choux rouges. — Cette fois encore les petits choux d'Utrecht sont préférables aux autres. Coupez-les en lanières minces, jetez-les dans l'eau bouillante et les y laissez pendant deux ou trois minutes. Retirez, faites égoutter et assaisonnez avec huile, vinaigre, sel et poivre. On peut également faire de la salade avec du chou cru.

Choux rouges au lard ou au jambon. — Prenez des choux rouges communs, coupez-les menu, mettez du saindoux dans une casserole, puis un lit de chou rouge, une mince tranche de jambon ou du lard, un peu de saindoux, un second lit de choux, puis le jambon ou le lard et le saindoux, et ainsi de suite jusqu'à quantité suffisante; salez peu, poivrez, laissez cuire à petit feu pendant trois heures et relevez avec un filet de vinaigre.

Choux rouges au maigre. — Coupez menu, jetez les choux

dans l'eau bouillante avec du sel, faites cuire, retirez et laissez égoutter. Après cela, mettez dans la casserole un bon morceau de beurre, et quand il sera roux, faites-y frire un oignon coupé bien fin. Versez le chou dans la casserole, avec sel, poivre, une cuillerée de vinaigre; mouillez d'un peu d'eau chaude ou de bouillon, si vous en avez; laissez quelques minutes sur le feu et servez.

Chou rouge piqué au lard. — Prenez une pomme de chou bien dure, faites-la cuire pendant un quart d'heure dans l'eau bouillante : retirez-la, enlevez le trognon avec un couteau pointu; mettez, à la place, de la graisse, du poivre, du sel; piquez la pomme dans toutes ses parties avec des lanières de gros lard; enveloppez-la ensuite d'une toilette de porc ou de veau; mettez-la dans la casserole avec du beurre, et la tête en bas; laissez cuire à petit feu pendant trois heures, retirez et disposez sur le plat. Après cela, laissez réduire la sauce, versez sur le chou et servez.

Choux blancs au lard. — Prenez des cabus ordinaires à feuilles lisses, et, de préférence, les choux-pain, d'York, cœur de bœuf, trapu de Brunswick et joannet; enlevez les feuilles de la base, ne conservez que celles du cœur et lavez-les bien. Cela fait, jetez-les dans un litre d'eau bouillante, avec du sel et un bon morceau de lard; laissez cuire à petit feu pendant deux heures et servez.

Choucroute. — Lavez votre choucroute dans trois eaux, puis mettez-la dans une casserole de terre avec graisse, petit salé, lard ou jambon fumé, et une saucisse, si vous en avez. Poivrez, ajoutez un bon demi-verre de vinaigre ou de bon vin blanc; laissez cuire pendant quatre heures à feu très-doux, et servez, en plaçant la viande au-dessus de la choucroute.

Choux aux saucisses. — Prenez de préférence des choux de

Milan; épluchez, lavez et jetez dans l'eau bouillante avec du sel et deux gousses d'ail; laissez cuire le tout, retirez, faites égoutter et hachez. — Mettez sur le feu une casserole avec du beurre, et quand il sera roux, placez-y vos saucisses. Une fois cuites, retirez-les sur une assiette et jetez vos choux hachés dans leur jus. Mettez du poivre, tournez pendant cinq minutes, versez sur le plat et arrangez vos saucisses par-dessus.

Choux au maigre. — Prenez des choux de Milan, épluchez, lavez; jetez dans l'eau bouillante avec du sel; laissez cuire, retirez, faites égoutter et hachez. Cela fait, mettez dans une casserole un bon morceau de beurre avec un oignon bien divisé. Quand il sera roussi, jetez-y vos choux avec poivre et sel; mouillez avec un peu de bouillon ou d'eau chaude; laissez bouillir cinq minutes et servez.

Choux au blanc. — Prenez des choux de Milan; préparez-les comme précédemment; faites-les cuire de même, retirez, hachez et jetez dans une casserole avec un bon morceau de beurre frais, du poivre et très-peu de sel. Tournez la casserole jusqu'à ce que le beurre ait imprégné les choux, et servez.

Chou farci. — C'est un mets qui, sans être économique, n'est pas non plus coûteux au point de le rejeter tout à fait dans le domaine de la cuisine bourgeoise. Prenez un chou de Milan bien pommé; enlevez les premières feuilles, creusez le trognon, amincissez les grosses côtes qui touchent au trognon; mettez ce chou dans une terrine, jetez dessus de l'eau bouillante pour le blanchir. Au bout de cinq minutes, retirez-le, laissez égoutter; puis entr'ouvrez les feuilles et garnissez l'entre-deux ainsi que l'intérieur du trognon avec de la chair à saucisses. Ficelez votre chou pour que rien n'en tombe, et mettez-le cuire pendant quart heures, à petit feu, dans une casserole, avec du bouillon gras, des oignons, des carottes, du lard et ce qui peut rester de la chair à saucisses. Une fois le chou cuit, retirez-le, passez votre sauce dans une passoire ou un tamis; faites-la réduire sur le feu et ajoutez-y un peu de fécule pour la lier. Après cela versez-la sur le chou.

Choux de Bruxelles au maigre. — Jetez les rosettes dans l'eau bouillante avec du sel. Lorsqu'elles sont à peu près cuites, retirez-les et laissez-les égoutter. — Mettez dans une casserole ces jets de choux, avec un bon morceau de beurre frais, du poivre et du sel; laissez faire quelques tours pour achever la cuisson et versez-y une quantité suffisante de crème. — On peut les préparer au gras en employant de la graisse ordinaire, ou de la graisse de rôti au lieu de crème.

Choux-fleurs. — Presque partout, en France comme en Belgique, les choux-fleurs ont la réputation d'être un légume de luxe; aussi ne les voyez-vous figurer que bien rarement sur la table du cultivateur. Ce préjugé, à l'endroit des choux-fleurs, ne date pas d'hier; il vient de loin. Autrefois, on ne savait pas obtenir la graine de ce légume dans nos contrées; on la faisait venir à grands frais de pays éloignés, et par conséquent les produits se vendaient cher et n'étaient point accessibles aux petites bourses; mais aujourd'hui que les graines de ce chou ne coûtent pas plus de 2 fr. à 2 fr. 50 l'once et que la culture de ce légume est reconnue tout aussi facile que celle des cabus, pourquoi nos ménagères s'en priveraient-elles plus longtemps? C'est dans l'espoir qu'on ne tardera pas à introduire le chou-fleur dans les potagers de nos villages, que nous croyons devoir nous occuper ici de ses diverses préparations, ou plutôt de celles qui sont à notre portée.

Choux-fleurs à la sauce blanche. — Choisissez des têtes

bien serrées et bien blanches ; épluchez-les avec soin, mettez-les tremper dans l'eau avec un verre de vinaigre, afin de renvoyer au-dessus de l'eau les chenilles qui auraient pu vous échapper d'abord. Au bout de deux heures, coupez vos choux-fleurs en quatre, ou laissez-les entiers, et jetez-les dans l'eau bouillante avec du sel et une pincée de farine. Quand ils seront cuits, retirez et mettez égoutter.

Cela fait, préparez votre sauce blanche de la manière suivante : mettez bouillir dans une casserole deux verres de lait, ou, à défaut de lait, deux verres d'eau. Délayez dans un autre vase de la farine avec du lait, poivre, sel, demi-cuillerée de vinaigre, et jetez le tout dans la casserole aussitôt que le lait ou l'eau bouillira, en ayant soin de toujours tourner. Après dix minutes de cuisson, vous ajouterez un bon morceau de beurre frais, laisserez fondre, retirerez du feu, lierez avec deux jaunes d'œufs et verserez sur votre plat de choux-fleurs.

Choux-fleurs à la crème. — Préparez vos choux-fleurs et faites-les cuire et égoutter comme précédemment; puis mettez-les sur un plat et les saupoudrez de persil haché très-fin. — Après cela, mettez dans une casserole une jatte de crème, une pincée de farine, un morceau de beurre frais, du poivre et un peu de sel. Chauffez pendant cinq minutes et versez votre sauce sur les choux-fleurs.

Choux-fleurs au beurre blanc. — Préparez, faites cuire et égouttez comme précédemment. Puis mettez votre légume sur un plat, saupoudrez de persil haché et versez dessus du beurre fondu, salé et poivré.

Choux-fleurs au beurre noir. — Préparez et faites cuire, toujours de la même manière; égouttez, mettez sur le plat, puis salez et poivrez. Après cela, faites roussir un morceau de beurre dans la poêle, et quand il sera noir, vous verserez sur les choux-fleurs. Enfin, rincez votre poêle avec une bonne cuillerée de vinaigre, laissez chauffer un peu et versez ce vinaigre sur le plat de légumes.

Choux-fleurs en salade. — Faites cuire, laissez refroidir, mettez dans le saladier, saupoudrez de persil et assaisonnez d'huile, vinaigre, poivre et sel.

Chou-rave, ou **chou de Siam.** — Cette espèce de chou est très-répandue et très-estimée en Allemagne et en Alsace, où on l'appelle *colrave*. En Belgique, le chou-rave est déjà cultivé dans les meilleurs potagers; à Paris, il est à peine connu, si ce n'est des maraîchers qui le nomment *chou de Siam*. Quelques cultivateurs le connaissent aussi sous le nom de *chou-pomme*. Ce chou ne ressemble à aucun autre; chez lui, ce ne sont pas les feuilles qui se réunissent pour former les têtes comme dans les cabus; c'est le pied, la tige du légume qui se renfle pour former la pomme, et c'est sur cette pomme que poussent les feuilles. On pourrait manger ces feuilles qui sont tout aussi bonnes que beaucoup d'autres; mais, d'ordinaire, on les donne aux bêtes. La partie renflée de la tige est la seule dont on fasse grand cas, et avec raison, car elle est vraiment délicate. Sa saveur tient du chou-fleur et du navet.

Avant de parler des préparations qui conviennent à ce légume, il nous reste à faire une recommandation aux ménagères : c'est de préférer pour la cuisine les têtes parfaitement rondes et à peau très-fine, aux tetes allongées et à peau rugueuse à la base. Les premières sont toujours tendres, les autres sont parfois dures comme du bois dans leur moitié inférieure.

Chou-rave à la sauce blanche. — Pelez la pomme, coupez-la par tranches et la jetez dans l'eau bouillante avec du sel et une pincée de farine. Laissez cuire, servez sur le plat et versez dessus une sauce blanche en tout semblable à celle dont nous avons indiqué la préparation en traitant des choux-fleurs.

On peut faire aussi des choux-raves à la crème et au beurre blanc, en s'y prenant de la même manière que pour les choux-fleurs.

Si vous tenez à ce que les choux-raves n'aient pas une saveur forte, coupez-les avant leur développement complet; dans le cas contraire, laissez-les grossir et ne les récoltez qu'à l'automne.

Chou-navet. — Entre le chou-rave et le chou-navet, la différence est telle qu'il n'y a pas de confusion possible. Les feuilles du premier sont bien de véritables feuilles de chou, tandis que celles du second sont pareilles à celles du rutabaga ou navet de Suède. Ce n'est pas tout; nous avons vu que la pomme du chou-rave provenait du renflement de la tige au-dessus de terre; eh bien, dans le chou-navet, il n'y a pas de pomme. Il donne une racine enterrée, une racine d'un blanc jaunâtre, ronde, assez longue, divisée et enchevêtrée à son extrémité, et si solidement fixée au sol qu'on a de la peine à l'arracher. Nous disons aux personnes qui pourraient confondre le chou-navet avec le rutabaga que la racine de ce dernier est ou rose ou bronzée, plutôt courte que longue, beaucoup plus large que celle du chou-navet, de forme sensiblement ovale et peu adhérente au sol.

Chou-navet au maigre. — Pelez votre chou-navet, coupez-le par tranches et mettez-le dans l'eau bouillante avec du sel. Laissez cuire, retirez et jetez-le dans une casserole avec un morceau de beurre, du poivre, du sel, et mouillez avec un peu de bouillon de cuisson; laissez un peu sur le feu et servez.

Ne perdez point l'eau qui vous aura servi à cuire le chou-navet. Elle est excellente pour la soupe.

Chou-navet au lard. — Jetez les tranches du chou-navet dans l'eau bouillante avec un bon morceau de lard, et laissez cuire.

Pas plus que dans le premier cas, ne perdez le bouillon de cuisson; servez-vous-en pour tremper la soupe : il est doux et naturellement sucré.

Citrouille, voy. courge

Concombre

Les concombres blancs sont préférés aux jaunes. On les pèle d'abord, puis on les divise en quatre pour nettoyer l'intérieur. Cela fait, on divise les quatre morceaux dans le sens de la longueur, on les met pendant cinq minutes dans l'eau bouillante; on les retire, on les laisse égoutter, on les essuie avec un linge en les pressant un peu et on les apprête à diverses sauces fortement assaisonnées, dans lesquelles on les laisse mijoter pendant une demiheure (sauce à la crème, à la béchamel, à la maître d'hôtel, etc.).

Concombres farcis. — On les pèle; on les coupe ensuite en deux, longitudinalement, on enlève les graines de chaque morceau et une partie de la chair avec le manche d'une cuillère; on remplit avec de la farce cuite ou du godiveau (qui est un hachis de rouelle de veau, de graisse de rognons de bœuf et d'œufs, le tout salé et poivré). On pare les concombres pleins avec de la chapelure et on les met cuire dans une casserole avec du beurre frais et un peu de bouillon. On reconnaît qu'ils sont cuits quand ils cèdent sous le doigt. On les retire alors, on les égoutte et on les sert avec une sauce espagnole.

Courge

Nous sommes, nous, d'un pays où les courges abondent et sont un légume populaire. Il n'y a pas de champ de maïs sans courges à travers, pas de maison où l'on n'en consomme plus ou moins, à partir du mois d'août jusqu'au mois de janvier et même de février, quand on prend la peine de mettre ce légume en lieu sec et chaud. Autrement, il pourrit vite et n'est bon qu'à jeter au fumier.

Toutes les courges ne se valent pas ; il y a un choix à faire dans le nombre, et, pour notre compte, nous sommes bien embarrassé de nous prononcer. Par habitude, sans doute, nous préférons les courges à chair blanche aux courges à chair jaune ; mais les véritables amateurs ne sont pas de notre avis et mettent le giraumon-turban et la courge de l'Ohio au-dessus de toutes. Nous leur reprochons une saveur huileuse.

Nos courges de prédilection sont, en première ligne, les *pâtissons*, appelés vulgairement *artichauts de Jérusalem*, *artichauts d'Espagne* ou *bonnets d'électeur;* puis la *courge à la moelle* ou *moelle végétale* des Anglais, et, après celle-ci, la *sucrière du Brésil* et la *longue de Barbarie*. Nous pouvons citer encore avec éloge la *courge d'Italie* avant qu'elle soit tout à fait mûre, et la *citrouille de Touraine*. Cette dernière est avantageuse quant au volume du fruit. Le *potiron* de Paris, énorme courge jaune, que l'on rencontre à la porte de toutes les fruitières, pour ainsi dire à titre d'enseigne, laisse énormément à désirer quant à la qualité, et ne vaut pas à beaucoup près les grosses courges vertes.

Dans les provinces de la Belgique, les rares cultivateurs de courges ne s'en servent que pour faire une soupe dont il a été question parmi nos soupes maigres. Dans nos villages de France, nous ne nous en tenons pas à cette unique préparation ; nous faisons, en outre, la courge au four, la courge en purée et la tarte ou flan à la courge.

Courge au four. — Prenez quelques tranches de courge que vous pèlerez et nettoierez d'abord ; puis fendez ces tranches dans les deux sens, de haut en bas, et coupez horizontalement, de manière à former de très-petits dés que vous mettrez dans une terrine avec six œufs, du sel et une bonne pincée de farine. Après cela, tournez avec la main, afin de bien mêler. Prenez cette courge ainsi préparée, versez-la dans un plat de terre bien beurré, ajoutez quelques petits morceaux de beurre en dessus, portez au four pendant la cuisson du pain, laissez cuire convenablement et servez aussi chaud que possible.

Courge en purée. — Prenez des tranches de courge que vous couperez en morceaux assez gros ; prenez surtout des pâtissons jaunes ou verts, si vous en avez sous la main ; mettez-les dans une marmite avec deux verres d'eau et un peu de sel ; laissez cuire jusqu'à ce que la courge s'écrase sous les doigts, puis passez cette purée. Mettez ensuite dans une casserole un bon morceau de beurre ; quand il sera roux, faites-y cuire un oignon haché bien fin ; versez-y votre purée, une bonne pincée de poivre, un peu de farine et un verre de crème. Laissez cuire un instant à petit feu et servez.

Tarte ou flan à la courge. — Ceci est une pâtisserie bourguignonne, pâtisserie commune, il est vrai, mais très-répandue et assez bonne en fin de compte. Prenez une pâte comme pour la tarte ordinaire ; coupez de la courge en petits dés dans un vase, mettez-y des œufs, du sel, un demi-verre de crème; broyez-bien le tout ensemble avec la main; garnissez votre pâte avec cette préparation, faites cuire au four et mangez bien chaud.

Crambé ou chou marin

Voici ce que nous lisons sur ce légume dans le JARDIN POTAGER de M. P. Joigneaux : — « Le crambé est une plante vivace de la famille des crucifères, qui croît naturellement sur les bords de la mer, en certains endroits, et dont la culture si répandue en Angleterre, l'est fort peu en France. C'est cependant tout à la fois un de nos légumes les plus précoces et un de nos meilleurs.

« Pour le manger, on étiole d'abord les jeunes feuilles en les recouvrant de terre, puis, après les avoir coupées, on les passe quelques minutes à l'eau bouillante, afin de les blanchir, comme on dit en terme de cuisine, ou mieux afin d'en enlever l'amertume. On retire les feuilles cuites de crambé, on les met égoutter dans une passoire et on les accommode au maigre ou au gras à la manière des choux-fleurs.

« Pour ce qui est de l'eau de cuisson, qui est devenue toute violette, elle n'est bonne à rien, si ce n'est à arroser les composts. On a dit que le crambé participait, pour le goût, du chou-fleur et de l'asperge; la vérité est qu'il a une odeur d'asperge qu'on ne saurait contester, mais rien de plus, rien de moins; il a une saveur propre qui ne ressemble à celle d'aucun autre légume et il n'en constitue pas moins un mets très-appétissant, qui arrive sur les tables une dizaine de jours avant les asperges de pleine terre, et que malheureusement on ne connaît pas assez. »

Les Anglais coupent le collet avec les feuilles, font cuire le tout et mangent le crambé à l'huile et au vinaigre comme nous mangeons les asperges.

Endive, voy. chicorée

Cresson de fontaine

Cresson cuit. — Voici ce que nous lisons dans le livre de M. Chatin sur le *cresson :* — « J'ai mangé avec beaucoup de plaisir du cresson cuit, préparé à la manière des épinards. La plante, d'abord blanchie, puis soumise comme ces derniers à une coction suffisante, ne garde plus rien des principes de saveur piquante et dès lors a perdu les qualités excitantes de la plante crue. Le cresson est alors un légume (dans l'acception culinaire) doux et agréable, dont l'usage ne saurait être assez répandu, et qui se recommande par divers avantages entre lesquels on peut énumérer les deux suivants, se rattachant à des considérations d'ordres d'ailleurs fort divers.

« Le cresson cuit, qu'on pourrait appeler le cresson-épinard, présente ce premier avantage d'être surtout abondant, et, par suite, à bas prix en été.

« Un autre avantage du cresson-épinard, par lequel celui-ci se recommande surtout aux médecins comme aliment satisfaisant à des conditions spéciales, c'est de contenir peu de sucre, et de ne renfermer que des traces de principes amylacés, composition qui doit le faire recommander dans le régime des malades affectés du diabète. »

Épinards

Épinards au gras. — Prenez des épinards bien frais, bien verts, épluchez-les et mettez-les cuire dans l'eau bouillante salée. Une fois cuits, retirez-les, égouttez-les et jetez-les dans l'eau froide, d'où vous les retirerez poignée par poignée, en les pressant forteinent pour en exprimer l'eau. Vous les hacherez ensuite et les mettrez dans une casserole avec du beurre ; vous ajouterez poivre et sel. Au bout de quelques minutes, vous lierez avec une demi-cuillerée de farine et mouillerez avec du bouillon ou du jus. Au moment de servir vous les tournerez avec un morceau de beurre frais et vous les garnirez sur le plat avec des triangles de mie de pain que vous aurez fait frire.

Épinards au maigre. — On les prépare comme les précédents; seulement on les mouille avec de la crème ou du lait au lieu de les mouiller avec du bouillon ou du jus. Quelquefois aussi on remplace le poivre et le sel par du sucre en poudre.

Fève de marais

Sommités de fèves au maigre. — Quand vient le moment de rogner le dessus des tiges de fèves, pour les préserver des pucerons noirs, prenez les parties rognées, c'est-à-dire les sommités; lavez-les bien pour en détacher les pucerons qui pourraient s'y trouver; jetez-les ensuite dans l'eau bouillante avec un peu de sel; laissez cuire; retirez, égouttez et mettez le légume dans une casserole avec un morceau de beurre, du poivre, du sel, un peu de sarriette et un demi-verre de crème. Tournez bien, laissez faire un bouillon et servez. L'eau de cuisson, quoique d'un aspect peu appétissant, peut être employée pour tremper la soupe.

Fèves en gousses à la poulette. — Prenez des fèves jeunes, au quart de leur développement, même plus jeunes, car elles n'en seront que plus tendres. Coupez-les par morceaux, jetez-les dans l'eau bouillante et salée; laissez cuire à moitié, retirez et égouttez.

Après cela, mettez un bon morceau de beurre dans une casserole, avec une cuillerée de farine, un petit morceau de sucre, du sel et du poivre, et mouillez avec un demi-verre d'eau. Quand les fèves commenceront à bouillir, retirez-les du feu, ajoutez-y deux jaunes d'œufs battus et servez.

Fèves en grains verts à la maître d'hôtel. — On les prépare comme les haricots blancs à la maître d'hôtel (voy. Haricot); seulement, on ajoute un peu de sarriette.

Fèves au blanc. — Faites-les cuire à moitié dans de l'eau, avec du sel; puis retirez et les mettez dans une casserole avec du beurre, un bouquet de persil, une ciboule et un peu de sarriette. Passez-les au feu, puis ajoutez une pincée de farine, un peu de sucre, un demi-verre d'eau et laissez cuire doucement. La cuisson faite, versez-y deux jaunes d'œufs, délayés dans un peu de lait et servez.

Fèves en purée. — Prenez de grosses fèves, écossez-les, enlevez la peau, jetez-les dans l'eau bouillante, avec du sel, et, au bout d'un quart d'heure, retirez et égouttez. Puis mettez un morceau de beurre dans une casserole avec sel, poivre, une cuillerée de farine, un morceau de sarriette, un bouquet de persil et de ciboule, et un verre d'eau. Achevez la cuisson, passez la purée, ajoutez à cette purée un morceau de beurre frais et servez.

Glaciale

La ficoïde glaciale ou mésembryanthème glaciale qu'on cultive dans les jardins d'agrément, peut remplacer le pourpier dans toutes les préparations auxquelles on soumet celui-ci. C'est ce que beaucoup de personnes ignorent (voy. Pourpier).

Haricot

Les variétés de haricots cultivées dans nos jardins sont très-nombreuses; il convient donc de faire notre choix dans le nombre et de nous en tenir aux meilleures. Le choix dépend naturellement de l'emploi qu'on veut faire du légume.

Si nous voulons manger les haricots en vert, prenons les variétés sans parchemin, et, entre autres, les haricots sabre, prédomme, princesse, sophie, de Villetaneuse, nain hâtif de Hollande, le noir de Belgique et le gris de Bagnolet.

Si nous voulons manger les haricots en grains frais, donnons la préférence au flageolet de Laon, au nain hâtif de Hollande, au haricot de la Chine. Le soissons nain coûte moins cher mais il ne les vaut pas.

Si nous voulons manger les haricots en grains secs, recherchons le flageolet, le soissons, le haricot blanc des vignes de la Côte-d'Or, le haricot sabre, le prédomme, le princesse, les haricots de Prague, le haricot rouge de Chartres ou d'Orléans, le haricot gris de Villetaneuse, le jaune du Canada, le haricot-riz, le haricot comtesse de Chambord et le haricot à l'aigle. Le haricot d'Espagne à fleur blanche a de la qualité pour les purées.

Maintenant que vous connaissez les variétés qui conviennent le mieux aux divers usages, nous allons vous enseigner les moyens d'en tirer parti, en commençant par les haricots verts.

Haricots verts à la sauce blanche. — Épluchez-les, c'est-à-dire enlevez les fils; lavez-les et jetez ensuite dans l'eau bouillante avec le sel nécessaire. Une fois cuits, retirez les haricots, faites les égoutter et mettez-les dans une casserole avec un morceau de beurre frais, une pincée de farine, du persil et de la ciboule hachés, du sel, du poivre, un verre de crème ou de lait; laissez bouillir dix minutes, retirez du feu, liez avec deux jaunes d'œufs et servez.

Haricots verts à la maître d'hôtel. — Épluchez et faites cuire comme précédemment; puis quand vos haricots seront égouttés et encore bien chauds, mettez-les dans une casserole avec un bon morceau de beurre frais, du persil haché fin, du sel, du poivre; tournez, enlevez, et servez chaud après avoir ajouté un filet de vinaigre.

Haricots verts en salade. — Faites cuire, égouttez, laissez refroidir, assaisonnez avec poivre, sel, vinaigre; recouvrez-les pendant deux heures. Au bout de ce temps, jetez l'eau que vos haricots auront rendue, puis ajoutez de l'huile, du cerfeuil, du persil et de la ciboule hachés.

Haricots verts au gras. — Faites cuire, égouttez; puis faites frire dans une casserole avec de la bonne graisse, un oignon haché; mettez-y vos haricots, arrosez d'un peu de bouillon gras; laissez bouillir un quart d'heure à petit feu et servez avec une liaison de jaunes d'œufs.

Haricots verts au lard. — Épluchez, jetez vos haricots dans l'eau bouillante avec un bon morceau de lard salé; laissez cuire trois heures, puis servez les haricots et le lard, et trempez la soupe avec le bouillon.

Cette dernière préparation est tout à fait populaire dans les campagnes de l'est de la France. Les haricots verts au lard, ainsi que la soupe faite avec le bouillon de ces haricots, forment pendant plusieurs semaines, chaque année, la base du principal repas. Il serait bien à désirer qu'il en fût partout de même,

Haricots blancs nouveaux à la maître d'hôtel. — On entend par haricots blancs des graines encore vertes et nouvellement sorties des cosses. Dans les contrées où l'on ne peut, chaque année, compter sur la maturité parfaite des haricots, on s'estime très-heureux de pouvoir les manger en grains verts aussitôt qu'ils sont bien formés et que l'on peut les écosser. Ces haricots blancs, surtout le flagcolet et le riz, sont excellents à la maître d'hôtel. Pour les préparer ainsi, reportez-vous à ce que nous avons dit plus haut des haricots verts à la maître d'hôtel, et procédez exactement de la même manière. Vous ne perdrez pas le bouillon de cuisson et vous vous rappellerez qu'on peut en faire une excellente soupe maigre.

Haricots blancs à la sauce blanche. — Même préparation que pour les haricots verts à la sauce blanche.

Haricots blancs en salade. — Même préparation que pour les haricots verts en salade.

Haricots blancs au gras. — Même préparation que pour les haricots verts au gras.

Haricots blancs au Jus. — Faites cuire vos graines dans l'eau bouillante et égouttez-les; ensuite, mettez fondre dans une casserole un morceau de graisse; ajoutez-y une pincée de farine que vous laisserez roussir; faites revenir dedans vos haricots; versez-y du bouillon gras; assaisonnez avec sel et poivre et laissez bouillir une demi-heure.

Haricots secs à l'étuvée. — Prenez des haricots rouges secs, le suisse, ou le prague, ou le rouge d'Orléans; mettez-les dans l'eau froide, sur le feu, avec du lard et de petits oignons.

Quand ils seront cuits, prenez une casserole, faites-y fondre un morceau de beurre; ajoutez une pincée de farine, du persil et de la ciboule hachés; versez un verre de vin rouge; laissez bouillir une demi-heure et servez avec le lard et les petits oignons. On peut remplacer le lard par un morceau de mouton.

L'eau de cuisson est excellente pour tremper la soupe.

On peut préparer les haricots secs à la crème et en salade de la même manière que les haricots blancs. Seulement on saura que les haricots secs doivent tremper au moins six heures d'avance pour se ramollir un peu et qu'il faut toujours les mettre sur le feu en même temps que l'eau froide, tandis que les haricots verts et les légumes verts en général sont toujours jetés dans l'eau bouillante.

Haricots secs au lard. — Quand vos haricots auront bien trempé, mettez-les sur le feu, et quand l'eau bouillira, ajoutez ou un morceau de lard, ou du petit salé, ou un morceau de jambon, deux oignons, du poivre et du sel. Lorsque le tout sera bien cuit, vous servirez les haricots et le lard dans un plat et tremperez la soupe avec le bouillon.

Haricots secs au mouton. — Remplacez le lard par du mouton et vous obtiendrez encore un excellent mets.

Purée de haricots secs. — Mettez dans la marmite vos haricots bien trempés avec moins d'eau que s'il s'agissait de tirer parti du bouillon, en ayant soin toutefois de verser de l'eau chaude au fur et à mesure que l'autre se réduira; autrement, les haricots s'attacheraient à la marmite. Ajoutez poivre, sel et même deux clous de girofle. Une fois vos haricots cuits, versez-les dans la passoire et pressez pour faire sortir la purée. Après cela, mettez dans une casserole un morceau de beurre, faites-y roussir un oignon haché bien fin, versez-y votre purée; ajoutez une tasse de crème, ou de lait, ou de bouillon gras, à votre choix; laissez cuire dix minutes et servez.

Laitue

Les laitues sont très-recherchées par les populations pauvres comme par les populations riches, et surtout à titre de salade. Plus loin, nous en parlerons sous ce rapport, en traitant des salades en général; ici, nous ne nous occuperons que des préparations cuites.

Laitues au jus. — Prenez des cœurs de laitue, lavez-les bien et jetez-les dans l'eau bouillante. Au bout de dix minutes environ, lorsqu'ils sont blanchis, retirez-les et les baignez dans l'eau froide; faites égoutter, et après cela, ouvrez les cœurs de laitue avec un couteau et introduisez dans l'ouverture un peu de sel et de poivre. Mettez-les ensuite dans la casserole avec de la graisse, une pincée de farine, du bouillon; laissez cuire à petit feu pendant dix minutes et servez.

Laitues à la sauce blonde. — Faites cuire comme les premières, puis recouvrez d'une sauce blonde.

Laitues farcies. — Faites cuire comme les précédentes; après cela, ôtez les trognons avec la pointe d'un couteau, remplissez de hachis, ficelez et mettez dans la casserole avec du bouillon et un peu de beurre. La cuisson terminée, vous servirez le légume avec son jus.

Laitues hachées en chicorée. — Préparez de la même manière que les endives.

Tiges de laitues au blanc. — Très-souvent, nos laitues montent, et alors elles sont considérées comme de nulle valeur. C'est ce qui nous arrive principalement avec les romaines. Au lieu de les jeter ou de les donner aux bêtes, servez-vous-en pour la cuisine. A cet effet, dépouillez les tiges montées de leur feuilles, épluchez ces tiges, coupez-les par morceaux et les jetez dans de l'eau bouillante avec du sel. Une fois cuites, égouttez-les avec soin, et les mettez dans une casserole avec un morceau de beurre, un peu de farine, du poivre, du sel et un peu de persil haché. Mouillez avec de la crème; laissez bouillir dix minutes et servez, après y avoir ajouté une liaison de jaunes d'œufs.

Lentille

On connaît deux sortes de lentilles : les *lentilles à la reine* ou petites lentilles qui sont recherchées pour les purées, et les *lentilles blondes* ou communes qui servent pour les autres préparations. On ne mange les lentilles que sèches et on les prépare exactement comme les haricots secs, dont il a été parlé précédemment.

Navet

On divise les navets en trois catégories : les tendres, les demi-tendres et les secs ou durs.

Les tendres, c'est-à-dire ceux qui cuisent très-vite et tombent facilement en bouillie, sont nombreux; mais parmi les meilleurs, nous ne citerons que les navets *Marteau, des Vertus, rose du Palatinat, blanc des Sablons, balle de neige des Anglais* et *blanc à collet vert de Londres*.

Les demi-tendres comprennent la plupart des navets jaunes, tels que *boule-d'or, jaune de Finlande*, *jaune de Hollande*, *jaune d'Angleterre, jaune de Malte;* ils comprennent aussi le *gris de Morigny*, que nous ne connaissons pas, et le *noir sucré d'Alsace*, que nous connaissons bien. Longtemps, nous avons accordé la préférence aux navets jaunes, notamment au boule-d'or et au Finlande; mais nous avons essuyé des mécomptes avec eux. Bien que semés à l'époque voulue, pendant la dernière quinzaine de juin et même dans la première semaine de juillet, ils ont contracté une saveur forte assez prononcée, et nous avons dû les donner aux bêtes. Nous ne les condamnons pas encore tout à fait pour cela, mais nous ne comptons plus sur eux comme autrefois. Le *noir d'Alsace* est celui qui nous paraît le plus sucré, le plus délicat, le plus avantageux parmi les demi-tendres.

Les navets secs ou durs sont ceux qui ne se défont pas à la cuisson, et qui, pour cela, conviennent parfaitement dans la préparation des ragoûts. Ils contiennent moins d'eau et ont le grain plus fin que les autres; mais ils cuisent lentement, nous en prévenons nos lectrices. Ces navets ont un grand mérite à nos yeux : ce ne sont pas seulement les plus délicats de tous les navets, ce sont encore ceux qui se conservent le mieux en cave pendant l'hiver. On n'en trouve que rarement dans les campagnes, et assez généralement on leur préfère les tendres ou demi-tendres, et on les laisse aux cuisiniers de grandes maisons et d'hôtels, qui ne veulent, eux, que des navets secs. Les meilleurs à notre connaissance, ou plutôt ceux qui nous ont le mieux réussi, sont : le *navet de Maltôt*, le *petit Berlin* ou *teltau*, la variété blanche du *navet de Saulieu* et le *navet de Freneuse*. Ajoutons à cette liste le *gris de Saulieu* et le *navet d'Orret*.

Les ménagères nous semblent suffisamment renseignées sur les légumes qui font l'objet de cet article; il ne nous reste plus qu'à les entretenir des détails de cuisine.

Navets au blanc. — Prenez des navets tendres et jeunes autant que possible, pelez-les, coupez-les par quartiers, jetez-lès dans l'eau bouillante avec un peu de sel, et, une fois cuits, retirez et égouttez. Après cela, mettez dans une casserole un morceau de beurre frais, une cuillerée de farine; tournez jusqu'à ce que le beurre soit fondu; ajoutez-y une tasse de crème, du sel, du poivre, et quand votre sauce commencera à bouillir, versez vos navets dedans, avec du persil haché; laissez faire quelques tours et servez sur le plat avec un petit filet de vinaigre.

Navets au sucre. — Prenez des navets demi-tendres et jeunes; pelez-les, coupez-les par morceaux et faites-les revenir dans une casserole avec du beurre. Lorsqu'ils seront bien jaunes, saupoudrez de sucre et d'un peu de sel, mouillez avec du bouillon ou un peu d'eau, et laissez achever la cuisson à petit feu.

Navets en purée. — Prenez des navets tendres ou demi-tendres, pelez, coupez par tranches très-minces, jetez-les dans l'eau bouillante, retirez-les au bout de dix minutes et faites égoutter. Mettez ensuite un bon morceau de beurre frais dans une casserole, avec du sel, du poivre et un peu de bouillon ou d'eau chaude. Versez-y vos navets et laissez cuire à petit feu. Lorsqu'ils seront en purée, servez-les seuls ou avec de la viande rôtie.

Navets aux pommes de terre. — Prenez des navets secs, c'est-à-dire de ceux qui ne se défont pas; prenez aussi de petites pommes de terre longues; pelez les uns et les autres et jetez-les dans l'eau bouillante. Une fois ces légumes cuits, retirez-les, faites-les égoutter et les servez sur le plat. Après cela, faites fondre dans une casserole un morceau de beurre frais, ajoutez-y de la moutarde, du sel et du poivre, et versez cette sauce sur les navets aux pommes de terre.

En temps et lieu, nous parlerons encore de diverses manières d'employer les navets avec la viande de boucherie et la volaille.

Oignons

Les oignons, en général, ne figurent pas parmi les légumes de choix. Ils rendent beaucoup de services, mais indirectement, presque en cachette. Nous nous servons d'oignons brûlés pour colorer le bouillon; nous nous servons d'oignons pour préparer le bœuf à la mode, les ragoûts, les purées, etc., nous les admettons même dans les salades à défaut de ciboules.

Il n'y a pas grande différence de qualité entre les oignons cuits; cependant, nous préférons, pour tous les usages culinaires, les plus doux et les plus sucrés, qui sont, à notre avis, les petits oignons blancs et le jaune paille.

En nous occupant de la préparation des viandes, nous aurons souvent l'occasion d'y associer les oignons. Aujourd'hui nous nous bornerons à signaler quelques rares préparations peu usitées, quoique bonnes cependant, et dans lesquelles l'oignon forme la base, soit à l'état cru, soit à l'état cuit.

Oignons à la crème. — Faites cuire des petits oignons blancs ou jaune paille dans de l'eau bouillante et salée; puis retirez-les et les laissez égoutter dans une passoire. Cela fait, mettez dans une casserole un bon morceau de beurre, vos oignons, du sel, du poivre; saupoudrez-les d'un peu de farine, et à mesure que le beurre fondra, versez-y de la crème, tournez, laissez cuire un peu et servez.

Oignons à l'étuvée. — Commencez par éplucher vos oignons, puis jetez-les dans l'eau bouillante avec du sel, un paquet de persil, de ciboules, de thym, de laurier et clous de girofle. Lorsqu'ils seront cuits, vous retirerez et vous ferez égoutter vos oignons. Après cela, mettez sur le feu une casserole avec du beurre frais et de la farine; tournez pour obtenir un roux d'une belle couleur; mouillez avec du bouillon et un peu de vin rouge, si vous en avez, ou, à défaut de vin rouge, avec un léger filet de vinaigre. Ajoutez les oignons, tournez, laissez quelques minutes et servez.

Salade d'oignons cuits. — Faites cuire vos oignons dans du bouillon gras; puis retirez-les, laissez-les égoutter et refroidir; arrangez-les dans un saladier, et assaisonnez avec huile, vinaigre, sel et poivre.

Salade d'oignons crus aux harengs salés. — Prenez trois ou quatre gros oignons que vous couperez en fines tranches dans un saladier; assaisonnez avec poivre, moutarde, huile, vinaigre; laissez mariner quelques heures; tournez, et, au moment de servir, placez sur la salade des harengs grillés. Dans le nord de la France et en Belgique, on y coupe du hareng cru et l'on y ajoute quelquefois des ronds de pommes.

Salade aux pommes de terre, betteraves et oignons. — On fait cuire ces différents légumes, les pommes de terre à l'eau, les betteraves et les oignons au four ou sous la cendre. On laisse refroidir, on coupe par tranches, on assaisonne la salade de sel, poivre et vinaigre; puis, au moment de servir, on ajoute l'huile et on tourne avec soin.

Oseille

Le plus ordinairement, on associe l'oseille aux viandes de boucherie; cependant on peut très-bien la servir seule. A cet effet, on la prend bien verte, bien fraîche, on l'épluche, on la lave, on la blanchit à l'eau bouillante, on l'égoutte, on la hache, on la met dans une casserole avec beurre, sel et poivre; on la tourne avec la cuillère de bois jusqu'à ce qu'elle soit en purée, et après cela, on verse de la crème et des jaunes d'œufs pour la lier; voilà l'oseille au maigre. Si on veut l'avoir au gras, on l'arrose de jus de viande ou de graisse de volaille, et au moment de servir on garnit de croûtons de mie de pain frits dans le beurre.

Panais

Les panais, quelle que soit leur forme, se valent pour la cuisine, où ils ne servent guère qu'à titre d'accessoires et en quelque sorte pour aromatiser les aliments. Ainsi, selon nous, le pot-au-feu ne serait pas complet s'il y manquait du panais; la potée au lard ou au petit salé ne serait pas complète, non plus, si la racine du panais ne figurait point parmi les choux, pommes de terre et carottes qui forment ordinairement cette potée.

Quand nous en serons aux viandes, nous indiquerons les préparations qui conviennent le mieux au panais; nous parlerons nécessairement du mouton au panais, du panais au lard. Aujourd'hui, nous nous bornons à dire que, dans certaines localités, on prépare ces racines à la sauce blanche, exactement comme les carottes; mais ce mets un peu exceptionnel ne plaît qu'à un petit nombre de consommateurs.

Patate douce

Les patates douces ou batates appartiennent à la cuisine bourgeoise et aristocratique qui les soumet à diverses préparations. De l'avis des amateurs, elles ne sont réellement bonnes que cuites sous la braise ou au four. Les raffinements culinaires ne font qu'amoindrir leurs qualités.

Très-souvent on les mange au beurre et en beignets.

Patates au beurre. — On les met cuire dans l'eau, et dès qu'elles sont cuites on les pèle, on les coupe par rondelles, on les saute dans le beurre, on les sale et on les sert aussi brûlantes que possible. Au lieu de les sauter dans le beurre, on peut les servir avec une sauce blanche.

Beignets de patates. — On pèle et on coupe les patates par morceaux; on les fait blanchir à l'eau bouillante; on les en retire pour les jeter dans l'eau froide d'où on les sort promptement pour les égoutter et les ressuyer. Dans cet état, on les met dans un vase en terre, en faïence ou en porcelaine, avec un petit verre de bonne eau-de-vie, de l'écorce de citron et du sucre pilé. Au bout d'une heure ou deux on les retire, on les égoutte et on les trempe dans la pâte à frire et l'on procède comme pour les beignets de pommes.

Pâtisson, voy. **courge**

Persil

Nous ne cultivons guère le persil que pour ses feuilles; on ne sait pas que les racines sont très-mangeables et qu'il existe même une variété cultivée tout exprès pour ses racines qui deviennent fort grosses. Nous connaissons des personnes qui n'hésitent pas à les manger crues, à cause de leur saveur très-sucrée jointe à un arome très-prononcé. — Les racines de persil se préparent comme celles du salsifis et de la scorsonère.

Pissenlit

Nous aurons à recommander le pissenlit au mot SALADE, mais c'est ici le lieu de faire remarquer que le pissenlit cuit et préparé au gras ou au maigre comme la chicorée frisée ou endive, constitue un légume excellent sous tous les rapports.

Pois

Pour une ménagère, ce sont surtout les pois verts qui ont de l'importance; les pois secs ne viennent qu'après et de loin. Or, pour ne parler ici que des pois verts, nous les divisons en *pois à parchemin*, c'est-à-dire à écosser, et en *pois sans parchemin* ou *mangetout*, ainsi nommés parce qu'on mange grains et cosses. Les pois à écosser ne conviennent pas indistinctement aux mêmes usages : ceux-ci sont peu sucrés, comme, par exemple, les plus hâtifs; ceux-là le sont beaucoup, comme les tardifs et notamment les variétés ridées, blanche ou verte, appelées pois de Knight, pois ridés et quelquefois aussi pois carrés. Ces derniers conviennent mieux que les autres pour les préparations au maigre, et moins pour les préparations au gras. Il y a aussi un choix à faire parmi les *mangetout*. Ceux dont la cosse est charnue, tendre, cassante, juteuse, comme, par exemple, ces grands pois sans parchemin, à fleurs blanches, nommés *cornes de bélier* et quelquefois *pois de sucre*, sont préférables aux mangetout à fleurs violettes et à ces mangetout demi-rames ou *nains de Hollande* qui chargent considérablement, mais qui sont petits et ont la cosse dure. Dans ces derniers temps, on a obtenu un excellent pois ridé mangetout.

Nous nous en tiendrons à ces courtes observations, et passerons de suite aux préparations culinaires.

Pois verts au beurre. — Prenez un ou deux litres de pois verts, selon le nombre des personnes; mettez-les dans une casserole avec un quarteron de beurre bien frais, un cœur de laitue, un bouquet de persil, un demi-verre d'eau, du sel, gros comme une noix de sucre, 4 ou 5 petits oignons blancs et laissez cuire à petit feu. Lorsque la cuisson sera complète, ajoutez une pincée de farine; tournez, laissez faire un bouillon, retirez du feu, liez la sauce avec deux jaunes d'œufs battus, et servez.

Pois verts à la crème. — Leur préparation est exactement la même que la précédente; seulement, au lieu de faire la liaison avec des jaunes d'œufs, on la fait avec un verre de crème fraîche.

Pois verts au lard. — Coupez une demi-livre de lard par petits morceaux; mettez-les dans une casserole avec un peu de beurre, et quand ils seront roussis, mettez vos pois, deux oignons, bouquet de persil, sel, poivre, de l'eau et laissez cuire.

Pommes de terre

On a dit que la pomme de terre était du pain tout fait; ce serait l'exacte vérité si le levain n'y manquait pas. Malgré cela, il faut bien le reconnaître, la pomme de terre est le pain du pauvre dans beaucoup de localités et, souvent plus que son pain: c'est toute sa nourriture. A ce titre, nous devons lui accorder une attention particulière. Nous pensons que l'on ne tire pas de la pomme de terre tout le parti que l'on pourrait en tirer, et que dans les pays où on l'estime le plus, on néglige trop de faire valoir ses qualités, de varier les assaisonnements auxquels elle se prête pourtant si bien; nous dirons, en outre, qu'on abuse de l'eau dans la plupart des préparations, que cette eau altère toujours la saveur du légume, que moins une pomme de terre reste en contact avec l'eau, mieux elle vaut; qu'une pomme de terre mise sous la braise et la cendre est plus délicate qu'une pomme de terre jetée dans l'eau bouillante, et qu'une pomme de terre jetée dans l'eau bouillante est préférable à celle que l'on mettra sur le feu avec de l'eau froide. Les véritables amateurs de pommes de terre cuites sous la cendre, au four, ou à l'étouffée, connaissent si bien les effets de l'eau sur ce légume, qu'ils ne souffrent même pas qu'on le lave avant de l'exposer au feu. C'est pousser un peu loin la précaution; toutefois, nous ne les blâmons point. L'eau gâte la pomme de terre, c'est incontestable: celle des terrains humides ne vaudra jamais celle des terrains secs; celle qui cuira dans l'eau, n'aura jamais la saveur de celle qui cuira sous la cendre; celle enfin que l'on coupera par morceaux et que l'on fera baigner longtemps dans l'eau froide avant de la cuire, sera toujours inférieure en qualité à celle qui n'aura point trempé.

Malheureusement, les pommes de terre cuites sans eau tombent en pâte et ne se prêtent pas aux usages de la cuisine comme celles cuites à l'eau. Celles-ci restent fermes, se laissent couper facilement par tranches ou par rondelles, et doivent être préférées aux autres pour certaines préparations, quoique ne les valant pas en réalité. Mais, qu'importe, les sauces ou les condiments masqueront les défauts.

Nous terminerons nos observations générales en disant qu'il convient d'attacher de l'importance à la manière de peler les pommes de terre crues, lorsque ce travail est nécessaire. Sous ce rapport, les ménagères belges sont irréprochables et font la leçon aux ménagères françaises. Elles n'enlèvent que la peau, rien que la peau, tandis qu'en France, on enlève beaucoup plus de fécule que de peau, sans se douter que cette partie de fécule est la plus riche, la meilleure du tubercule. Avec la pomme de terre, c'est comme avec le grain de froment: plus on se rapproche du cœur, plus la fécule est insipide; plus on s'en éloigne, plus elle est savoureuse. Il y a donc beaucoup à gagner en pelant fin, beaucoup à perdre en pelant épais.

Pommes de terre cuites à l'étouffée. — Les pommes de terre que l'on fait cuire sous la cendre du foyer ou dans un four, n'ont pas leurs pareilles, c'est incontestable. Celles cuites à l'étouffée ne viennent qu'après, mais elles n'en sont pas moins très-bonnes, et bien supérieures à ces pommes de terre cuites à l'eau que l'on nous sert journellement sur les tables.

Pour opérer la cuisson à l'étouffée, prenez une marmite en fonte, même une vieille marmite fendue et hors d'usage; mettez au fond une ou deux pelletées de cendres, puis, sur ces cendres, des pommes de terre non lavées, mais seulement essuyées ou brossées. Une fois la marmite aux trois quarts pleine, placez au-dessus de vos pommes de terre un linge bien propre, puis recouvrez et laissez cuire pendant une heure au moins. On peut se dispenser de placer un linge sur les pommes de terre, mais, dans ce cas particulier, on doit charger de braise le couvercle de la marmite, et renouveler cette braise de fois à autres. Les pommes de terre cuites de cette manière seront servies telles quelles, c'est-à-dire avec leur peau, ou, pour employer les expressions de cuisine, en robe de chambre ou en chemise. On les mange ordinairement très-chaudes et avec du beurre bien frais.

Pommes de terre à l'eau. — S'il s'agit de faire cuire des pommes de terre pour les assaisonner ensuite en salade, on les lave d'abord et on les jette dans l'eau bouillante avec du sel, sans se donner la peine de les peler. S'il s'agit, au contraire, de les servir au naturel sur la table avec le bouilli, on les pèle à l'avance, on les jette, après cela, dans l'eau bouillante, et, une fois cuites, on les sert sur un plat à part, en même temps que le bœuf. On peut, au moment de servir, les assaisonner d'une poignée de persil haché très-fin.

Pommes de terre en guise de pain. — Voulez-vous remplacer le pain par les pommes de terre, faites-les cuire à moitié ou aux deux tiers dans de l'eau bouillante salée et dans une marmite en fer. Après cela, retirez vos pommes de terre, pelez-les, jetez l'eau de votre marmite, replacez les pommes de terre pelées au fond de cette marmite, remettez sur un feu doux et laissez la cuisson s'achever ainsi. Les pommes de terre seront beaucoup plus délicates, plus farineuses que si on les eût fait cuire jusqu'au bout dans l'eau bouillante.

Pommes de terre au beurre ou au lard fondu. — On les pèle d'abord; on les fait cuire dans l'eau bouillante salée, après quoi on les retire, on les égoutte, on sert sur le plat et on les arrose de beurre ou de lard fondu.

Pommes de terre au lait. — Pelez des pommes de terre, coupez-les par morceaux et essuyez-les avec un linge au lieu de les laver. Ceci fait, mettez roussir un bon morceau de beurre dans une marmite ou une casserole. Quand ce beurre sera brun, coupez dedans un oignon, laissez cuire, et, après, jetez-y les pommes de terre et tournez-les plusieurs fois. Ajoutez un demi-litre d'eau, du sel, du poivre et une petite gousse d'ail haché très-menu. Quand les pommes de terre commenceront à cuire et à s'épaissir, vous ajouterez du lait de temps en temps, jusqu'à ce que la cuisson soit complète. Un quart d'heure avant de retirer du feu et de servir, ayez du persil haché bien fin et tournez-le avec vos pommes de terre.

Pommes de terre à la maître d'hôtel. — Jetez dans de

l'eau bouillante salée des pommes de terre bien lavées et de qualité supérieure, plutôt longues que rondes. Une fois cuites, retirez-les, pelez-les et coupez-les par rondelles. Ceci fait, mettez dans une casserole, sur un feu très-vif, un quart de beurre, une poignée de persil et une ciboule hachés, et en même temps vos pommes de terre avec sel et poivre. Faites-les sauter dans la casserole, de manière à bien les imprégner de beurre, et servez.

Pommes de terre à la sauce blanche. — Pelez des pommes de terre, coupez en morceaux, et jetez-les dans l'eau bouillante avec du sel. Une fois cuites, retirez-les, laissez égoutter, mettez-les sur un plat, et versez dessus une sauce blanche que vous aurez préparée de la manière suivante : On met du lait sur le feu dans une casserole; on prend ensuite un vase dans lequel on verse deux cuillerées de farine, du sel, du poivre, un filet de vinaigre, et l'on délaye avec de l'eau. Quand le lait commence à bouillir, on y verse ce mélange, en ayant soin de toujours tourner. Dès que la sauce bout, on y ajoute un morceau de beurre, et on laisse cuire. Une fois cuite, on ajoute un ou deux jaunes d'œufs, et la sauce blanche est faite.

Pommes de terre au gratin. — Faites-les cuire à l'eau bouillante avec du sel; ensuite pelez, coupez par rondelles dans un plat, et ajoutez du beurre frais. Râpez du fromage de Gruyère ou de Hollande sur chaque lit de pommes de terre, recouvrez le tout d'un lit de fromage et de quelques morceaux de beurre, mettez au four et servez très-chaud. Un four de poêle peut très-bien remplacer un four de boulanger, et même, à défaut de four, on pourrait placer le vase sur de la cendre chaude et le couvrir soit d'une tôle, soit d'un couvercle en fonte que l'on chargerait de braise.

Pommes de terre à l'étuvée au gras. — Faites cuire les

pommes de terre dans l'eau bouillante avec du sel, puis pelez, coupez par tranches, et mettez-les dans une casserole avec du beurre, sel, poivre, persil et ciboule hachés, et un peu de farine. Ajoutez une tasse de bouillon gras et un verre de vin blanc. Laissez bouillir un peu et servez.

Pommes de terre sautées. — Pelez des pommes de terre petites, rondes et autant que possible jeunes ; mettez un bon morceau de beurre dans une casserole ; faites fondre sur un feu ardent ; ajoutez-y vos pommes de terre et sautez-les à la main, jusqu'à ce qu'elles soient bien rôties ; égouttez-les ensuite dans une passoire, saupoudrez de sel, arrangez sur un plat et servez.

Pommes de terre frites. — Pelez des pommes de terre crues et coupez-les par tranches assez épaisses, si vous voulez procéder selon la méthode parisienne, ou par rondelles minces, si vous tenez à avoir des pommes de terre frites croquantes. Surtout, gardez-vous bien de mettre ces tranches ou ces rondelles dans l'eau ; ressuyez-les, au contraire, avec un linge parfaitement propre et sec. Après cela, faites bouillir du saindoux dans la poêle, sur un feu vif, et jetez vos pommes de terre dans la graisse bouillante ; aussitôt qu'elles seront bien roussies et qu'elles sonneront dans la poêle, retirez-les avec l'écumoire ; égouttez-les bien, mettez-les sur un plat, saupoudrez de sel fin et servez très-chaud.

Pommes de terre en salade. — Faites cuire les pommes de terre dans l'eau bouillante, pelez ensuite, coupez par rondelles dans un saladier ; assaisonnez, pendant qu'elles sont chaudes, de sel, poivre, ciboule et persil hachés, et vinaigre ; tournez une ou deux fois ; ne mettez l'huile qu'au moment de servir, et tournez de nouveau complétement. Quelques personnes ajoutent une feuille de livèche hachée, afin d'aromatiser fortement. On pourrait substituer une feuille d'angélique à celle de livèche.

Pommes de terre au lard. — Mettez un peu de beurre dans une casserole, puis du lard coupé par petits morceaux, et laissez frire. Après cela, ajoutez un verre d'eau chaude, du poivre, du sel, du persil, du thym et une feuille de laurier; laissez bouillir cinq minutes; mettez alors vos pommes de terre crues coupées par morceaux, ajoutez du bouillon gras, ou, à défaut de bouillon gras, de l'eau chaude en quantité suffisante; laissez cuire et servez.

Pommes de terre à la graisse. — Mettez de la graisse dans la marmite; lorsqu'elle sera chaude, coupez-y un petit oignon; laissez cuire; ajoutez vos pommes de terre crues, pelées et coupées en morceaux, du sel, beaucoup de poivre, et servez après cuisson complète. Ce mets est très-économique.

Pommes de terre en purée. — Prenez des pommes de terre, faites-les cuire sous la cendre ou dans l'eau bouillante avec du sel, mais de préférence sous la cendre. Pelez et écrasez dans une passoire. Une fois passées, mettez-les dans une casserole avec un bon morceau de beurre très-frais, du poivre et du sel; puis remuez et mouillez avec du lait. Faites bouillir un instant en continuant de remuer, et servez.

Boulettes de pommes de terre. — Faites cuire vos pommes de terre à l'eau. Une fois cuites, épluchez-les, puis les écrasez ou les pilez. Ajoutez trois ou quatre œufs, un peu de crème, du persil, de la ciboule et du sel; mêlez le tout. Ensuite, prenez au bout d'un couteau à peu près la moitié d'une cuillère à bouche de cette pâte que vous jetterez dans de la friture bouillante, et ainsi de suite. Vous servirez très-chaud. On peut également faire d'excellentes boulettes de pommes de terre, sans persil ni ciboule, en ajoutant une cuillerée d'eau de fleurs d'oranger.

Gâteau de pommes de terre. — Faites cuire une douzaine de belles pommes de terre dans le four, épluchez-les, mettez-les sur le feu dans une casserole avec un peu de sel, un morceau de beurre frais, un peu d'écorce de citron râpée; remuez bien, ajoutez un morceau de beurre frais, puis de la crème, toujours en remuant, et du sucre en poudre. Retirez du feu, laissez un peu refroidir et ajoutez un peu d'eau de fleurs d'oranger. Prenez d'autre part huit jaunes d'œufs battus, cinq blancs également battus en neige, et mêlez le tout à votre purée. Ensuite, frottez l'intérieur d'une casserole avec du beurre frais, saupoudrez de mie de pain, versez-y votre pâte, placez votre casserole sur la cendre rouge, mettez un couvercle avec du feu dessus et laissez cuire trois quarts d'heure.

Les préparations diverses que nous venons d'indiquer ne sont pas les seules qui conviennent aux pommes de terre, mais ce sont les seules dont elles forment la base. Souvent on associe les pommes de terre aux viandes, on les fait entrer dans les ragoûts, mais elles n'arrivent ici qu'en second ou dernier ordre. Il en sera de nouveau question, à ce titre, quand nous aurons épuisé la série des légumes et que nous nous occuperons de la viande de boucherie et de la charcuterie.

Potiron, voy. courge

Pourpier

Autrefois, le pourpier était très-usité en France, comme salade, et nous nous souvenons encore du temps où l'on employait le pourpier sauvage à cet effet. Aujourd'hui, on ne fait plus de salade au pourpier. Nos ménagères emploient le plus ordinairement ses feuilles, dont elles mettentune ou deux poignées dans le pot-au-feu, quelques minutes avant de tremper la soupe. La saveur aigrelette du pourpier est agréable et corrige la saveur graisseuse du potage, surtout quand celui-ci a été fait avec de la poitrine de bœuf ou d'autres morceaux gras. — Dans quelques contrées, on fait cuire le pourpier et on l'apprête de la même manière que les épinards, au gras ou au maigre. C'est un mets délicat et trop peu connu.

Quinoa

Le quinoa, connu seulement des cultivateurs amateurs de légumes, fournit des feuilles dont on se sert exactement comme des feuilles d'épinards.

Radis

Nous n'employons les radis qu'à titre de hors-d'œuvre, et peu de personnes savent le parti qu'on peut en tirer autrement. Quand les radis deviennent gros, cotonneux, c'est-à-dire *creux*, il ne faut pas les perdre. On les fait cuire dans de l'eau, feuilles et racines ; puis, dès qu'ils sont cuits, on les hache très-menu et on les apprête avec du beurre et une gousse d'ail, comme si c'étaient des choux. Les radis, préparés de la sorte, sont un excellent mets, dont personne ne soupçonnerait l'origine, et dont nous devons la connaissance à un habile cuisinier.

Rhubarbe comestible

Au printemps, les parties vertes de la feuille de rhubarbe se préparent comme les épinards, avec un peu d'oseille.

Les queues ou côtes de ces feuilles servent à préparer une excellente pâtisserie, dont il sera question plus tard.

Salades

En traitant des préparations des divers légumes, nous avons parlé déjà de quelques salades, sur lesquelles nous ne reviendrons pas; mais nous sommes loin d'avoir épuisé le sujet. On le verra tout à l'heure.

Nous cultivons, à titre de légumes pour salades, plusieurs variétés de laitues pommées, plusieurs variétés de romaines ou chicons, la mâche, la valériane d'Alger, la raiponce, le pissenlit, la picridie, la chicorée sauvage, la barbe de capucin, les chicorées frisées et les scaroles, le céleri à blanchir pour ses côtes et le céleri-navet pour ses racines. Toutes ces plantes nous fournissent d'excellentes salades. On peut ranger encore dans la même catégorie les feuilles de la scorsonère d'un an, qui se montrent dès le mois de février, le cresson qui nous rend de bons services en hiver, les boutons du sainfoin très-recherchés par certains amateurs de salades, et employés même à cet usage par les cultivateurs de quelques localités de la France, et enfin le pourpier.

Vous voyez que les salades ne manquent pas. Il y en a de toutes les formes, de toutes les couleurs et pour tous les goûts. La plupart sont généralement admises; quelques-unes sont ou peu connues, ou peu répandues. Parmi ces dernières, nous citerons la valériane d'Alger qui nous paraît meilleure que la mâche; la raiponce, dont on mange feuilles et racines à la sortie de l'hiver, et que l'on a tort de négliger; la picridie cultivée, qui ne plaît pas tout d'abord, mais à laquelle on s'habitue vite et qui rend beaucoup; le pourpier, enfin, que nous avons vu manger en salade et sans mélange, comme nous avons vu manger des salades de cerfeuil.

Chaque ménagère sait éplucher une salade et la laver; mais nous en connaissons, et beaucoup, qui ne savent pas ou ne se donnent pas la peine de la ressuyer convenablement. C'est cependant un point essentiel. Vous aurez beau secouer une salade avec le panier en fil de fer, il restera toujours trop d'eau pour qu'elle soit bonne après l'assaisonnement. Vous aurez donc soin, en la sortant du panier, de la presser entre deux linges bien propres et à diverses reprises, pour éponger l'humidité. Sans cela, elle prendrait mal l'huile, la graisse, le beurre ou la crème.

A présent, occupons-nous de l'assaisonnement et de la fourniture, et commençons par les salades économiques.

Salade au lard fondu. — L'huile est chère, et comme il en faut beaucoup pour faire une bonne salade, on y regarde à deux fois avant de s'en servir. Le lard coûte moins, et les plus pauvres ménages en ont quelques morceaux à leur disposition. On s'en sert donc pour remplacer l'huile. A cet effet, au moment de manger la salade, on en fait fondre quelques morceaux dans la poêle, on arrose et l'on tourne, après avoir, bien entendu, ajouté vinaigre, sel et poivre.

Salade à la crème. — On n'emploie pour celle-ci que les laitues pommées. La crème, qui contient le beurre, et est par conséquent une substance grasse, remplace très-bien l'huile et coûte moins. Avec trois ou quatre cuillerées de crème fraîche, de la ciboule hachée, du vinaigre, du sel et du poivre, on obtient une salade agréable et recherchée par un grand nombre de personnes.

Salade au beurre et à la crème. — Comme pour la précédente, on ne se sert que de la laitue pommée; mais cette salade n'est pas économique, nous vous en prévenons. Faites fondre un morceau de beurre frais dans la poêle, ajoutez-y de la crème, laissez faire un tour, versez sur la salade, rincez la poêle chaude avec du vinaigre et versez-le sur cette même salade, en ajoutant sel et poivre; tournez et mangez de suite.

Salade mêlée. — Cette salade demande beaucoup de vinaigre et peu d'huile. On la prépare avec un mélange de scarole ou de chicorée frisée, de pommes de terre, de betterave ou de céleri. Pour que les tranches ou les côtes de céleri soient bonnes, il convient de les faire mariner dès la veille dans le vinaigre avec le sel et le poivre.

Salades à l'huile. — Si ce sont les plus coûteuses, ce sont aussi les meilleures, il faut en convenir, pourvu que l'huile soit bonne. La plus délicate entre toutes les huiles est celle d'olives, que nous ne connaissons guère dans nos campagnes. Celle qu'on nous vend sous ce nom en contient peut-être un peu, mais nous n'oserions en répondre. L'huile de pavot ou d'œillette est passable, quand elle a été faite à froid; mais quand on l'a faite à chaud, elle a un goût de vase détestable. L'huile de faînes est très-acceptable, celle de noisettes aussi, mais elle est rare. Dans les contrées où les noyers sont communs, on se sert ordinairement d'huile de noix pour les salades. Elle a une saveur particulière qui ne déplaît pas lorsqu'elle est fraîche, mais elle rancit vite et devient âcre. L'huile de navette sert aussi à préparer les salades dans les campagnes, mais les amateurs de cette huile à brûler sont assez rares.

On assaisonne avec les huiles :

1° Les *laitues pommées*, auxquelles on ajoute, à titre de fourniture ou de condiments, de la ciboule ou de la ciboulette, du cerfeuil et de la pimprenelle, hachés très-fin. On peut y ajouter encore des œufs durs en quartiers ou râpés, le blanc d'un côté, le jaune de l'autre, et fleurir la salade avec des fleurs de capucine et de bourrache.

2° La *mâche*, avec betterave et céleri ;

3° Le *pissenlit* avec des œufs durs ;

4° La *barbe de capucin*, avec des betteraves ;

5° La *scarole*, avec des betteraves et du céleri ;

6° Les *côtes de céleri*, après les avoir bien lavées et même brossées avec une brosse de chiendent ;

7° Le *cresson* avec des œufs durs ;

8° La *romaine*, avec ciboule, cerfeuil, pimprenelle et estragon ;

9° Les *têtes de sainfoin*, avec ciboule et cerfeuil ;

10° Le *pourpier*, avec cerfeuil et concombre ;

11° Les *racines de céleri* crues ou à moitié cuites, après les avoir fait mariner un peu de temps dans le vinaigre.

Salsifis

Souvent, on confond le salsifis avec la scorsonère. Nous ne nous expliquons pas cette confusion, car ces deux légumes ne se ressemblent que sur le plat. La racine du salsifis est blanche, sa fleur est de couleur pourpre ; la racine de la scorsonère est noirâtre, sa fleur est jaune ; enfin, les feuilles du salsifis ne ressemblent pas le moins du monde aux feuilles de la scorsonère. On cultive plus généralement cette dernière parce que sa racine est plus tendre que celle du salsifis : oui ; mais est-elle aussi savoureuse ? Nous ne le pensons pas. On assure que les salsifis montent facilement à fleur la première année et durcissent comme du bois, tandis que les scorsonères s'emportent moins et ont l'avantage de ne pas durcir, alors même qu'elles montent. Nous voulons bien le croire, puisqu'on le dit ; cependant nous ferons remarquer que, dans notre potager, les salsifis ne montent point, tandis que nos scorsonères montent souvent par moitié.

Salsifis à la sauce blanche. — Ratissez les racines, coupez-les par morceaux et mettez-les, au fur et à mesure, tremper dans une terrine d'eau vinaigrée. Quand tout est épluché, faites cuire à l'eau bouillante, avec un peu de sel et une demi-cuillerée de farine. Une fois cuites, retirez les racines, donnez-leur le temps d'égoutter. Servez-les sur un plat et les arrosez d'une sauce blanche, comme pour les choux-fleurs. L'eau de cuisson, ne l'oubliez pas, est excellente pour tremper la soupe.

Salsifis à la poulette. — Préparez et faites cuire les racines comme précédemment ; puis préparez, pour la verser dessus, une sauce à la poulette, semblable à celle que nous avons indiquée pour les carottes.

Salsifis à la sauce blonde. — Quand vos racines sont cuites et servies sur le plat, on les recouvre d'une sauce blonde préparée de la manière suivante : — Mettez dans une casserole un morceau de beurre, et, à mesure qu'il fondra, ajoutez-y de la farine, en ayant soin de remuer toujours. Quand le mélange sera bien roux, prenez du bouillon gras très-chaud, versez-en dessus et ne cessez pas de tourner. Laissez bouillir quelques minutes et votre sauce blonde sera faite.

Salsifis frits. — Aussitôt que vos racines sont cuites, retirez-les et les laissez égoutter pendant quelques minutes. Après cela, faites-les mariner une demi-heure avec du sel, du poivre et un demi-verre de vinaigre. Il ne reste plus qu'à les rouler dans la pâte et à les jeter dans la friture bouillante. Lorsque les salsifis ont pris une belle couleur, on les retire et on les sert bien chauds.

Voici maintenant la manière de préparer la pâte dans laquelle vous devez rouler les salsifis : — A cet effet, on délaye de la farine dans un vase avec de l'eau, une cuillerée d'eau-de-vie, une cuillerée d'huile, du sel, et l'on agite le mélange comme on agite une omelette ordinaire. On laisse ensuite la pâte en repos, et, au moment de s'en servir, on y ajoute un œuf bien battu.

Salsifis en salade. — Faites toujours cuire comme précédemment ; puis retirez les racines, laissez-les bien égoutter, coupez-les par morceaux d'égale longueur, mettez-les dans un saladier et assaisonnez comme pour toute autre salade.

Scolyme d'Espagne

Le scolyme d'Espagne est très-peu cultivé. C'est regrettable, car il donne des racines autrement belles que les salsifis et d'une saveur plus marquée. On reproche à ce légume de monter à fleur trop vite et de durcir. En effet, il s'emporte beaucoup ; mais les racines des plants montés restent le plus souvent bonnes à manger, quoique fermes. Nous en avons fait l'expérience. Cependant, il pourrait arriver, dans les années chaudes, que le cœur des racines du scolyme devînt dur. S'il en était ainsi, on en serait quitte pour les faire cuire et en détacher ensuite la partie tendre. Comme ces racines sont longues et grosses, le produit resterait encore assez abondant.

Les racines de scolyme sont préparées de la même façon que celles du salsifis.

Scorsonère

Presque partout, on vend la scorsonère sous le nom de salsifis noir, parce que sa racine est brunâtre tandis que celle du salsifis est d'un blanc jaunâtre. Les racines de moyenne grosseur, d'une belle venue, c'est-à-dire non bifurquées, sont meilleures que les grosses racines qui ont passé deux années en terre et ont servi de porte-graines aux jardiniers. Ce que nous avons dit tout à l'heure de l'apprêt des salsifis s'applique aux scorsonères.

Tétragone

La tétragone est une plante très-productive et dont les feuilles remplacent très-bien les épinards, pendant les fortes chaleurs de l'été.

V

VIANDE DE BOUCHERIE ET DE CHARCUTERIE

Viande de bœuf et de vache

Bouilli. — Nous avons déjà parlé incidemment du bouilli, à propos de la soupe grasse. Aujourd'hui, nous nous bornerons à dire que, pour obtenir un excellent bouilli, on doit prendre la viande de bœuf marbrée de graisse, et notamment le morceau connu sous le nom de *culotte*. L'épaule, le flanchet et le collet sont des morceaux de qualité inférieure, dont il ne faut pas se servir quand on tient à faire un bon bouilli.

Miroton. — Quand il vous reste du bouilli, vous pouvez en tirer parti de plusieurs manières : 1° en miroton; 2° en persillade; 3° en vinaigrette. Commençons par le bœuf bouilli en miroton.

Mettez un morceau de beurre dans une casserole. Lorsqu'il sera fondu, jetez-y des oignons coupés par tranches et laissez cuire. Lorsqu'ils sont à peu près cuits, prenez une pincée de farine et les saupoudrez, en ayant soin de tourner, pour qu'ils prennent une belle couleur. Mouillez avec du bouillon, du vin blanc ou un filet de vinaigre; ajoutez sel et poivre; laissez bouillir jusqu'à ce que la sauce soit réduite. Coupez ensuite dessus votre reste de bouilli par tranches; attendez dix minutes pour qu'il prenne le goût de l'oignon et servez avec de la moutarde.

Bouilli en persillade. — Faites frire dans la poêle du lard de poitrine coupé en petits dés et, lorsque ces morceaux sont bien frits, versez-les dans un plat qui aille au feu; saupoudrez votre plat d'un peu de chapelure ou mie de pain rassis; ajoutez-y oignons, persil et gousse d'ail, hachez très-fin; salez et poivrez. Arrangez dessus vos tranches de bouilli, coupées très-minces; recouvrez-les d'oignon, persil, ail hachés et chapelure comme le dessous; laissez cuire à petit feu, en ayant soin de mouiller avec du bouillon, et servez.

Bouilli en vinaigrette. — Coupez votre bouilli par tranches minces dans un saladier; ajoutez-y des filets de harengs saurs, avec des fines herbes hachées, telles que persil, cerfeuil, ciboules, puis des cornichons coupés, si vous en avez, et enfin du poivre, de l'huile et du vinaigre.

Bœuf rôti. — Prenez un morceau d'aloyau, enlevez la graisse et les peaux, faites-le mariner avec sel, poivre et un peu d'huile d'olive, pendant douze heures; mettez-le ensuite à la broche ou au four, et laissez cuire, en ayant soin d'arroser avec la marinade. Vous le servirez dans son jus, auquel vous pouvez ajouter une sauce piquante faite avec vinaigre, échalote, persil, ciboule et cornichons, le tout haché très-fin.

Entre-côte de bœuf. — Aplatissez votre entre-côte avec le couperet, afin d'attendrir la viande; saupoudrez-la ensuite de sel et de poivre; posez sur le gril déjà chaud; faites cuire des deux côtés et servez sur un morceau de beurre bien frais et manié de persil. Arrosez-le d'un filet de vinaigre ou de jus de citron.

Entre-côte à la casserole. — Faites revenir votre entre-côte dans une casserole avec de petits morceaux de lard de poitrine; retirez le tout; après cela, faites un roux, en mouillant de bouillon ou d'eau tiède. Remettez dans la casserole l'entre-côte et le lard, ajoutez sel et poivre; un oignon, une carotte coupée en fines tranches, un bouquet de persil et ciboules, un petit verre d'eau-de-vie; laissez cuire à feu doux pendant trois heures, et servez.

Entre-côte au Jus. — Désossez votre entre-côte, aplatissez-la bien, puis faites roussir un bon morceau de beurre dans une casserole; mettez-y votre entre-côte; faites-la revenir des deux côtés sur un feu très-vif; ajoutez un peu d'eau, sel et poivre, persil haché, un petit verre d'eau-de-vie, et finissez la cuisson sur un feu doux.

Bifteack. — Prenez un morceau de filet, coupez-le en tranches, battez bien pour les aplatir, saupoudrez de sel et poivre, mettez sur le gril chaud et laissez cuire à feu très-vif. Après cela, servez sur un morceau de beurre frais manié de persil, et arrosez d'un filet de vinaigre ou de jus de citron. On peut joindre au bifteack, ainsi servi, des pommes de terre frites dans le beurre, ou bien du cresson assaisonné de sel et de vinaigre.

Bœuf à la mode. — Prenez une belle tranche de bœuf, battez-la bien, piquez-la avec du lard très-épais, faites-la mariner pendant vingt-quatre heures avec sel, poivre, thym, laurier, oignons, deux gousses d'ail, trois clous de girofle, persil, un petit verre d'eau-de-vie et un verre d'eau ordinaire; puis mettez un morceau de beurre dans une casserole, ajoutez-y votre bœuf et la marinade, que vous entourerez de couenne de porc frais ou de lard. On peut y joindre quelques carottes coupées en long. — Laissez cuire à petit feu pendant six heures.

Langue fraîche à la sauce piquante. — Faites dégorger une langue pendant vingt-quatre heures et à l'eau fraîche, en ayant soin de changer l'eau cinq ou six fois; puis retirez-la et faites-la blanchir dans l'eau bouillante. Grattez le dessus pour enlever la peau. Après cela assaisonnez-la de poivre, sel, persil, muscade et échalotes hachées, et faites-la cuire pendant cinq heures dans une casserole et à petit feu. Lorsque votre langue sera cuite, vous la mettrez sur un plat. Cela fait, passez votre sauce et avec cette sauce passée, faites un roux dans lequel vous ajouterez encore un peu de persil, d'échalotes et de cornichons hachés très-fin. Laissez bouillir cette sauce pendant quelques minutes et versez-la sur la langue.

Langue fumée. — Avant de faire cuire une langue fumée, mettez-la tremper pendant deux ou trois heures; ensuite jetez-la dans une marmite pleine d'eau, avec quatre oignons, trois clous de girofle, un peu de thym et une feuille de laurier. Laissez cuire lentement pendant six ou sept heures, laissez-la refroidir dans l'eau de cuisson, faites égoutter et servez froid.

Queue de bœuf grillée. — Mettez cuire la queue de bœuf dans le pot-au-feu; une fois cuite, laissez-la refroidir, puis trempez-la pour la passer dans une casserole où vous aurez fait fondre une quantité suffisante de beurre assaisonné de sel et de poivre, et dans lequel vous ajouterez un peu de mie de pain. Il ne vous reste plus après cela qu'à faire griller la queue ainsi préparée et à la servir avec une sauce piquante.

Rognons de bœuf sautés. — Coupez vos rognons en morceaux petits et minces, en ayant soin de retrancher toutes les parties blanchâtres et dures. Mettez ensuite du beurre dans une poêle. Lorsque ce beurre est fondu, faites-y sauter vos rognons, en ajoutant une cuillerée de farine, un peu de vin blanc, du poivre, du sel et enfin des fines herbes, telles que persil, ciboule, ail, hachées très-fin. Quand la sauce est assez réduite, ce qui n'est pas long, car il suffit de quelques minutes pour apprêter ce plat, servez immédiatement. Si on laissait les rognons trop longtemps sur le feu, ils deviendraient durs.

Foie de bœuf sur le gril. — Coupez le foie de bœuf en tranches très-minces; saupoudrez ces tranches de sel et de poivre, ne laissez pas trop cuire, et servez sur un plat dans lequel vous aurez mis du beurre frais manié de persil.

Gras-double à la poulette. — Prenez un morceau de panse de bœuf, que veus choisirez gras et épais, autant que possible; lavez et nettoyez-le avec beaucoup de soin et à diverses reprises dans l'eau bouillante; puis faites-le tremper pendant au moins deux heures dans de l'eau fraîche. Mettez cuire ensuite votre gras-double dans une marmite avec de l'eau, deux oignons coupés par tranches, une gousse d'ail, deux clous de girofle, du sel et deux cuillerées de farine; laissez bouillir pendant six ou sept heures. Lorsque votre gras-double est bien cuit, retirez-le et coupez-le en petits carrés après l'avoir fait égoutter suffisamment. Après cela, mettez dans une casserole un bon morceau de beurre frais, une pincée de farine et une très-petite quantité d'eau; lorsque votre beurre sera fondu, jetez dans la casserole vos carrés de gras-double et laissez cuire pendant environ dix minutes ; après cela, liez votre sauce avec trois jaunes d'œufs battus, un peu de beurre, du jus de citron et servez.

Gras-double sur le gril. — Prenez du gras-double lavé et cuit comme nous venons de l'indiquer ci-dessus ; coupez-le en carrés qui aient à peu près la grandeur de la main ; passez ensuite vos carrés dans un peu de beurre fondu assaisonné de sel fin et de poivre, ajoutez à votre beurre de la mie de pain ; puis lorsque votre gras-double est pané convenablement, retirez-le et faites-le cuire des deux côtés sur le gril à un feu vif. Lorsque la cuisson est achevée, on le sert sur un plat avec une sauce verte que l'on a préparée avec de l'huile, du vinaigre, du sel, du poivre et du persil haché.

Gras-double ou **tripes à la mode de Caen.** — Lavez et nettoyez bien votre gras-double à l'eau bouillante; faites-le dégorger ensuite dans de l'eau fraîche pendant un jour ou deux. Après l'avoir fait égoutter, coupez-le par morceaux que vous placerez dans une terrine assez grande avec une carotte coupée en tranches, deux oignons, deux clous de girofle, trois gousses d'ail, du sel, une bonne pincée de poivre. Ajoutez à ces assaisonnements un morceau de pied de bœuf, une tranche de lard et du jarret de jambon si vous en avez à votre disposition. Remplissez ensuite votre terrine avec de l'eau et un verre de vin blanc (toutefois, ce dernier n'est pas absolument indispensable). Cela fait, fermez votre vase avec un couvercle; entourez ce couvercle avec de la pâte pour empêcher l'évaporation; portez votre gras-double ainsi préparé au four, et laissez-le cuire pendant sept heures à une douce chaleur. Cette préparation se sert au sortir du four avec la sauce de la cuisson, et doit être mangée très-chaude. Pour l'empêcher de refroidir, on peut même placer sur la table un réchaud plein de charbon allumé, ou d'eau bouillante, sur lequel on pose la terrine.

Viande de veau

Rôti de veau. — Pour faire un rôti de veau, on prend de préférence le carré avec son rognon; on saupoudre de sel fin et poivre, puis on frotte avec du beurre frais. Votre carré ainsi préparé, vous le mettez à la broche et le laissez cuire à petit feu. Lorsqu'il est bien cuit, on le sert avec son jus. Les personnes qui ne veulent pas se donner la peine de faire elles-mêmes leur rôti, peuvent l'envoyer au four; mais nous devons les prévenir qu'elles n'auront jamais de cette manière un rôti d'aussi bonne qualité.

Carré aux fines herbes. — Prenez un carré de veau, piquez-le avec du lard, puis faites mariner pendant trois ou quatre heures avec les assaisonnements suivants, hachés très-fin : persil, ciboule, thym, laurier, échalotes; ajoutez ensuite du sel, du poivre et une petite quantité d'huile. Après cela embrochez votre carré; frottez-le de beurre et versez dessus vos assaisonnements. Lorsque le tout a cuit suffisamment à petit feu, mettez dans une casserole un peu de jus de votre rôti, une cuillerée de vinaigre, un morceau de beurre roulé dans de la farine, du sel et du poivre; liez cette sauce sur le feu et servez-la sous votre carré.

Carré de veau en terrine. — Piquez de lard un carré de veau, couvrez-le de fines herbes hachées très-fin et placez-le dans une terrine dont vous aurez garni l'intérieur de petites bandes de lard; ajoutez ensuite trois ou quatre oignons et une carotte coupés en tranches, un petit verre de bonne eau-de-vie ou de genièvre, du poivre, du laurier et une branche de thym ; cela fait, bouchez bien votre terrine et faites cuire au four. On sert ensuite avec la sauce, chaud ou froid, suivant le goût des personnes.

Épaule de veau farcie. — Prenez une épaule de veau, désossez-la, faites ensuite avec du porc frais, des restes de viande, des ciboules, du persil, une gousse d'ail, un hachis très-fin ; salez et poivrez le hachis ; ajoutez-y un œuf ; broyez et mélangez bien le tout, et enfin remplissez avec cette farce votre épaule ; puis recousez-la avec du fil et une aiguille. Cela fait, placez-la sur le feu dans une casserole avec du beurre, une cuillerée de bouillon, un peu de sel et de poivre ; puis laissez cuire à petit feu et servez avec la sauce.

Tendons de veau en matelote. — Mettez fondre un morceau de beurre dans une casserole, faites revenir dans ce beurre vos tendons ; quand ils seront bien jaunes, retirez-les ; préparez ensuite un roux avec une cuillerée de farine, ajoutez un verre d'eau et autant de vin, du sel, du poivre, deux clous de girofle, une gousse d'ail, un peu de persil, cinq ou six petits oignons ; remettez vos tendons dans la casserole et laissez cuire. Au moment de servir, il est bon de retirer l'ail et les clous de girofle.

Blanquette de veau. — Jetez dans la casserole un morceau de beurre bien frais et une cuillerée de farine ; tournez jusqu'à ce que votre beurre soit bien fondu ; ajoutez ensuite petit à petit de l'eau bouillante en quantité suffisante, du persil haché, quelques oignons, du sel et du poivre ; puis placez dans la casserole vos morceaux de veau. Laissez cuire à petit feu pendant environ trois heures ; liez votre sauce avec trois jaunes d'œufs et servez. On peut, si l'on veut, ajouter à la sauce un filet de vinaigre.

Fricandeau. — Prenez une noix de veau, piquez-la de gros lard; cela fait, mettez du beurre dans une casserole, une carotte coupée en quatre, deux oignons, un bouquet de persil, deux clous de girofle; placez dans cette casserole votre fricandeau : lorsqu'il commencera à cuire, versez-y un peu de bouillon, et laissez la cuisson s'achever, en ayant soin d'arroser de temps en temps avec la sauce. Il faut environ trois heures pour préparer ce plat. Lorsque la viande est bien cuite, on passe la sauce dans un autre vase; on ajoute un peu de fécule de pommes de terre délayée dans de l'eau, on met quelques instants sur le feu, puis on verse sur le fricandeau qne l'on peut servir ensuite sur de l'oseille ou de la chicorée.

Côtelettes de veau au naturel. — Saupoudrez vos côtelettes de sel et de poivre; trempez-les dans un peu de beurre fondu; puis faites-les cuire sur le gril, en ayant soin de les retourner, et enfin servez.

Côtelettes de veau panées. — Faites cuire comme les précédentes en ayant soin de les paner.

Côtelettes de veau à la sauce verte. — Ces côtelettes, préparées et cuites d'abord au naturel, se servent sur une sauce verte que l'on fait avec de l'huile, dn vinaigre, du sel, du poivre et du persil haché très-fin.

Côtelettes aux fines herbes. — Faites fondre dans une casserole un bon morceau de beurre : placez-y vos côtelettes que vous salerez et poivrerez, puis laissez cuire pendant quelques minutes, hachez des fines herbes, persil, ciboule, etc., par exemple; couvrez avec la moitié de ces fines herbes un côté de vos côtelettes, puis retournez-les, et employez de même le reste de vos herbes hachées; faites cuire ensuite à un feu doux pendant environ une demi-heure. La cuisson terminée, ajoutez le jus d'un citron et servez.

Côtelettes de veau en papillotes. — Prenez de belles côtelettes de veau que vous ferez mariner pendant deux jours dans de l'huile d'olive; au moment de les faire cuire, couvrez-les des deux côtés d'un hachis fait avec lard, persil, ciboule, mie de pain, sel et poivre. Ce hachis doit être très-fin et bien mélangé. Entourez ensuite vos côtelettes d'une mince bande de lard, et enveloppez d'une feuille de papier blanc bien beurré. Laissez cuire pendant à peu près une heure, et servez avec le papier.

Filet de veau à la provençale. — Prenez du veau rôti et froid, puis coupez-le en morceaux très-minces. Après cela faites une sauce avec du beurre frais, une pincée de farine, un peu d'huile d'olive, du persil, des ciboules, une échalote ou deux, hachés très-fin; ajoutez à votre sauce du sel et du poivre, tournez-la sur le feu et versez-y un filet de vinaigre, ou mieux le jus d'un citron. Jetez dans la casserole vos tranches de veau, faites chauffer sans bouillir et servez.

Noix de veau dans son jus. — Piquez de lard une noix de veau; mettez dans une casserole un morceau de beurre sur un feu très-doux. Lorsque le beurre commence à fondre placez votre noix de veau dans la casserole et faites-la jaunir des deux côtés; cela fait, ajoutez un demi-verre d'eau chaude, du sel et du poivre, un peu de thym et une feuille de laurier. Laissez cuire à petit feu pendant environ quatre heures; au moment de servir, liez votre sauce avec un peu de fécule de pommes de terre. La noix de veau ainsi préparée peut se servir sur de l'oseille ou de la chicorée.

Foie de veau à la bourgeoise. — Faites mariner pendant vingt-quatre heures un foie de veau que vous aurez piqué de lard. Mettez dans une casserole un morceau de saindoux et votre foie enveloppé d'une toilette de porc; ajoutez une petite quantité de bouillon et un verre de vin rouge si vous en avez à votre disposition, quelques tranches de carotte, un oignon, du thym, du laurier, puis salez et poivrez. Laissez cuire à feu très-doux pendant trois ou quatre heures et servez.

Foie de veau à la poêle. — Coupez votre foie par tranches assez minces et jetez-les dans la poêle avec un gros morceau de beurre, du persil et des ciboules hachés; passez sur le feu en ajoutant un peu de farine; mouillez avec du bouillon et un peu de vinaigre, puis salez et poivrez; laissez sur un feu vif pendant quelques minutes et servez.

Fraise de veau à la vinaigrette. — Commencez par faire blanchir votre fraise pendant vingt minutes dans de l'eau bouillante; retirez-la et plongez-la dans l'eau froide. Coupez-la ensuite en morceaux, et achevez de la faire cuire dans une marmite avec du saindoux, du lard coupé en petits morceaux, un oignon, une carotte, un bouquet de persil et de ciboules, deux clous de girofle, une gousse d'ail, du sel et du poivre, deux cuillerées de farine; ajoutez une quantité suffisante d'eau chaude et une cuillerée de vinaigre. Votre fraise étant bien cuite, faites-la égoutter et servez-la sur un plat entouré de feuilles de persil, avec une sauce piquante préparée avec huile, vinaigre, poivre et sel, ciboules, persil hachés. La sauce doit être mise non sur le plat, mais dans un vase à part.

Fraise de veau en friture. — Faites cuire votre fraise comme nous venons de l'indiquer ci-dessus, faites-la égoutter et refroidir, coupez-la par morceaux que vous tremperez dans la pâte ; après cela, faites frire et servez.

Ris de veau au naturel. — Faites tremper vos ris pendant quelques heures dans du lait, puis faites-les cuire et servez-les comme le fricandeau, soit au naturel, soit, si vous le préférez, sur de l'oseille, de la chicorée ou une purée de pommes de terre.

Ris de veau à la sauce blanche. — Faites bouillir vos ris dans de l'eau pendant trois quarts d'heure avec une cuillerée de farine et un peu de sel ; lorsqu'ils seront cuits, mettez-les dans une casserole avec un morceau de beurre, du sel, du poivre et un peu de persil haché très-fin ; délayez dans un vase à part trois jaunes d'œufs, deux cuillerées de crème, un peu de jus de citron ou un filet de vinaigre ; liez votre sauce, versez-la sur vos ris de veau et versez sans laisser bouillir.

Mou de veau à la sauce blanche. — Faites tremper la veille votre mou de veau, en ayant soin de changer d'eau plusieurs fois; jetez-le dans l'eau bouillante pendant dix minutes, puis remettez-le dans l'eau froide. Coupez après cela votre mou en petits morceaux pour le faire cuire dans une casserole avec du beurre, une pincée de farine; tournez en ajoutant du bouillon, salez et poivrez; enfin mettez-y du thym, du laurier, des ciboules, du persil, quelques petits oignons. Quand vous voudrez servir, liez votre sauce avec deux jaunes d'œufs bien battus et un filet de vinaigre.

Mou de veau en matelote. — Laissez dégorger votre mou de veau comme nous venons de le dire plus haut; mettez-le cuire dans une suffisante quantité d'eau avec du poivre, du sel, une cuillerée de vinaigre et des petits oignons; puis faites revenir dans une casscrole du lard coupé en petits carrés; ajoutez une cuillerée de farine pour faire un roux, tournez ce roux en y versant un verre d'eau chaude et autant de vin; mettez-y en outre un peu de persil haché, puis placez votre mou dans une casserole pendant dix minutes et versez.

Cervelles de veau au beurre noir. —Prenez deux ou trois cervelles de veau que vous mettrez dégorger pendant environ vingt-quatre heures, en changeant l'eau à plusieurs reprises. Faites ensuite bouillir de l'eau dans une marmite, versez dans cette eau un verre de vinaigre, jetez-y du sel, deux clous de girofle, un bouquet de persil, deux ou trois oignons coupés par tranches. Laissez sur le feu pendant trois quarts d'heure et passez au tamis au-dessus d'une casserole, puis remettez sur le feu avec les cervelles dedans et un morceau de beurre. Laissez cuire vingt minutes au moins, faites ensuite égoutter vos cervelles, et servez-les sur un plat avec une sauce au beurre noir dans laquelle vous aurez fait frire des croûtons de pain.

Cervelles de veau à la sauce blanche. — Vos cervelles étant blanchies et dégorgées comme nous venons de le dire, vous faites alors fondre un bon morceau de beurre dans lequel vous délayez une cuillerée de farine; vous ajoutez un verre d'eau chaude, du sel, un peu de poivre, quelques petits oignons. Lorsque ces derniers seront cuits, mettez les cervelles dans la casserole; laissez sur le feu quelques minutes et, au moment de servir, liez votre sauce en y ajoutant trois jaunes d'œufs et un peu de jus de citron.

Cervelles de veau frites. — Vos cervelles préparées comme ci-dessus, coupez-les en morceaux et faites-les mariner avec du sel, du poivre et suffisante quantité de vinaigre. Avant de les faire frire, laissez-les bien égoutter et trempez vos morceaux dans de la pâte; puis faites frire et servez sur un plat bien chaud.

Tête de veau au naturel. — Prenez une tête de veau bien grattée et bien blanche, faites-la tremper pendant vingt-quatre heures dans de l'eau bien fraîche que vous renouvellerez deux ou trois fois; au bout de ce temps retirez-la, puis faites-la égoutter avec soin; vous la frotterez ensuite avec le jus d'un citron, et la mettrez cuire dans un vase plein d'eau pendant quatre ou cinq heures. Ajoutez à votre eau du sel, du poivre en grain, une carotte coupée en quatre, trois gousses d'ail et un oignon. Avant de placer votre tête dans le vase, vous aurez soin de l'envelopper dans un linge noué par les quatre bouts, afin de pouvoir la retirer aisément. Au moment de servir, dressez-la sur un plat, fendez la peau pour enlever les deux os du crâne, ramenez la peau sur la cervelle et garnissez votre plat de persil bien vert; puis vous mettrez sur la table avec une sauce composée d'échalotes, persil, cerfeuil, poivre, sel, huile et vinaigre. Il est bien entendu que les échalotes et les herbes seront hachées aussi fin que possible.

S'il reste des morceaux de la tête de veau, on peut les tremper dans de la pâte et les faire frire. On évite de cette manière de servir deux fois le même plat sur la table.

Oreilles de veau. — Les oreilles de veau se préparent comme la tête; lorsqu'elles sont cuites et égouttées, on les dispose autour d'un plat et l'on place au milieu une sauce piquante, ou bien encore une purée de pois verts.

Oreilles de veau frites. — Faites cuire vos oreilles de veau comme nous venons de le dire ci-dessus; laissez refroidir, puis coupez-les en deux; après cela, trempez-les dans de l'œuf battu et roulez-les ensuite dans de la mie de pain. Cela fait, il ne vous restera plus qu'à faire frire ces oreilles un peu avant de les servir.

Pieds de veau aux fines herbes. — On fait cuire les pieds de veau, après les avoir bien nettoyés, de la même manière que la fraise de veau, manière que nous avons déjà fait connaître. Lorsqu'ils sont cuits et égouttés, on les sert avec une sauce piquante dans laquelle on met des fines herbes hachées.

Pieds de veau à la sauce blanche. — Après les avoir fait cuire comme nous venons de l'indiquer, on les met sur un plat avec une sauce blanche que l'on a liée avec des jaunes d'œufs.

Pieds de veau frits. — Lorsque vos pieds sont cuits, vous les faites mariner pendant deux heures dans du vinaigre, puis on les trempe dans de la pâte : on fait frire et on sert très-chaud.

Viande de mouton

Gigot rôti. — Si vous voulez avoir un gigot tendre et excellent, ne le faites cuire que quatre jours après que le mouton a été tué ; battez-le bien avant de le mettre à la broche, enlevez la peau et introduisez près du manche une ou deux gousses d'ail. Cela fait, frottez-le partout avec du sel fin, puis embrochez-le. Placez-le devant un feu vif, afin qu'il soit saisi promptement et qu'il ne perde pas son jus. De temps en temps, arrosez-le avec du beurre frais que vous aurez fait fondre dans la lèchefrite et qui sera mêlé avec la graisse de votre viande. Avec un feu convenable, il faut environ une heure et demie pour que le gigot soit bien cuit. Il ne reste plus, après cela, qu'à le servir sur un plat. Le jus se met habituellement à part dans une saucière.

Gigot braisé. — Enlevez tous les os de votre gigot, en ayant soin, toutefois, de laisser celui que l'on appelle vulgairement le manche; piquez-le de lard ou, mieux encore, si vous le pouvez, d'un morceau de gras de jambon. Pliez le manche, et si vous voulez, coupez-en le bout afin qu'il occupe moins de place dans la daubière dans laquelle vous le placerez après l'avoir ficelé. Cela fait, assaisonnez votre gigot avec du sel, des épices; ajoutez en outre cinq à six oignons, deux ou trois carottes, un bouquet de persil, du thym et une feuille de laurier; couvrez le gigot de bandes de lard; versez sur le tout deux grandes cuillerées de bouillon, et enfin mettez encore dans la daubière les os que vous avez retirés de votre gigot. Quand il commencera à cuire, ne pressez pas trop votre feu, parce qu'il faut qu'il cuise lentement. Ordinairement, six à sept heures sont nécessaires pour que la cuisson de ce mets soit parfaite. Si vous pouvez mettre des charbons ardents et de la cendre chaude au dessus de votre vase aussi bien que dessous, votre gigot n'en vaudra que mieux, car il cuira plus également. Quand vous voulez servir, vous passez votre jus au tamis, et le versez sur un plat autour du gigot.

Gigot dans son jus. — Désossez le gigot comme nous venons de l'indiquer ci-dessus, pliez le manche et ficelez. Mettez dans une casserole un bon morceau de beurre que vous laisserez fondre, puis placez votre gigot dans la casserole, et lorsqu'il aura pris une belle couleur, vous ajouterez, pour l'assaisonner, du sel, du poivre, du persil, des ciboules; puis vous le laisserez cuire à petit feu en le retournant souvent. La cuisson achevée, servez-le avec son jus sur des pommes de terre ou des haricots en grains.

Côtelettes de mouton grillées. — Aplatissez vos côtelettes après les avoir coupées, saupoudrez-les de sel et de poivre, puis faites-les griller des deux côtés sur un feu très-vif et servez.

Côtelettes de mouton panées. — Coupez vos côtelettes et parez-les autant que possible, c'est-à-dire enlevez les chairs qui entourent la partie supérieure de la côte, de façon à laisser l'os à nu; après cela, trempez-les dans du beurre fondu, saupoudrez-les de sel et de poivre, passez-les avec de la mie de pain, puis mettez-les sur un gril et faites-les cuire sur un feu très-ardent. Vous pouvez les servir seules ou avec des pommes de terre à la maître d'hôtel, si vous le préférez.

Côtelettes de mouton à la poêle. — Faites frire un morceau de beurre dans la poêle, jetez-y vos côtelettes, et ajoutez du sel et du poivre en quantité suffisante : lorsqu'elles seront bien cuites des deux côtés, retirez-les et mettez-les dans un plat. Prenez ensuite des pommes de terre cuites à l'eau et bien égouttées, passez-les dans la sauce de vos côtelettes et servez-les en même temps que celles-ci. On peut aussi placer ces côtelettes sur de la chicorée ou sur une sauce tomate.

Épaule de mouton rôtie. — Piquez votre épaule de mouton avec des morceaux de gros lard, frottez-la de sel et de poivre; cela fait, vous la mettrez à la broche et aurez soin de l'arroser de temps en temps avec du beurre frais fondu et avec le jus qu'elle rendra, jusqu'à ce qu'elle soit cuite à point.

L'épaule de mouton peut aussi se préparer comme nous l'avons indiqué pour les gigots au jus et braisé. Il faut pour cela la désosser en laissant le bout du manche, puis la piquer de lard et ajouter du sel et du poivre. On la ficèle ensuite, en ayant soin de ne pas la rouler et de lui laisser sa forme arrondie. On la place après tous ces préparatifs dans une daubière ou une casserole, et lorsqu'elle a pris une belle couleur, on ajoute deux verres d'eau, et l'on fait cuire à feu doux pendant quatre ou cinq heures. Lorsque la cuisson est achevée, on lie la sauce avec un peu de farine ou de fécule et l'on sert l'épaule avec cette sauce.

Haricot de mouton. — Prenez de la poitrine de mouton que vous couperez en morceaux, faites revenir ces morceaux dans une casserole avec un bon morceau de beurre, assaisonnez avec du sel et du poivre ; cela fait, retirez votre viande du feu et mettez-la dans un plat ; faites ensuite un roux dans lequel vous verserez une cuillerée de bouillon ou à son défaut, une cuillerée d'eau ; jetez dans ce roux des navets coupés en morceaux ; lorsqu'ils auront pris une belle couleur, replacez votre mouton dans la casserole avec un bouquet garni, deux gousses d'ail, une ciboule hachée très-fin ; enfin, laissez cuire doucement pendant trois heures, en ayant soin d'ajouter du bouillon ou de l'eau chaude si la sauce était trop épaisse.

Ce ragoût peut également se faire soit avec des pommes de terre, soit avec des carottes, ou même avec un mélange de ces divers légumes, ce qui, à notre avis, est encore préférable.

Ragoût de mouton aux haricots verts. — Préparez votre mouton comme pour le plat précédent, puis faites un roux dans lequel vous mettrez des haricots verts que vous aurez eu soin de faire cuire d'abord dans de l'eau avec du sel, du poivre et un oignon.

Émincé de mouton à la sauce piquante. — Lorsque vous avez un reste de gigot ou de mouton rôti, coupez-le en tranches très-minces dans une casserole, ajoutez-y un morceau de beurre, du sel, du poivre et quelques échalotes hachées très-menu ; versez sur le tout un verre d'eau, puis faites bouillir pendant environ un quart d'heure ; au bout de ce temps, coupez et jetez quelques cornichons dans la casserole ; si vous manquez de cornichons, vous pourrez les remplacer par une cuillerée de vinaigre.

Rognons à la brochette. — Fendez vos rognons en deux par le milieu, assaisonnez-les avec du poivre et du sel, versez dessus quelques gouttes d'huile d'olives, puis faites-les cuire sur le gril ; quand ils seront suffisamment cuits, placez-les sur un plat dans le fond duquel vous aurez mis une suffisante quantité de beurre frais et du persil haché très-fin mêlés ensemble.

Rognons sautés au vin blanc. — Coupez vos rognons en petites tranches, puis accommodez-les comme les rognons de bœuf. Le vin de Champagne, rend, dit-on, ce mets beaucoup plus délicat ; mais on peut très-bien s'en passer, et se contenter de vin blanc ordinaire.

Langue de mouton en papillote. — Si vous avez une ou deux langues de mouton, faites-les bouillir pendant environ un quart d'heure dans de l'eau à laquelle vous ajoutez du vinaigre et du sel, puis retirez-les et dépouillez-les de la peau dure qui les recouvre ; faites-les cuire après cela dans le pot-au-feu ; ensuite, après les avoir retirées, égouttez-les avec soin. D'un autre côté, ayez des fines herbes hachées avec un peu de lard ; passez ces fines herbes au beurre dans une casserole dans laquelle vous aurez mis du lard haché également ; salez et poivrez ; ajoutez ensuite vos langues, passez-les dans cette espèce de sauce, puis retirez-les et mettez-les refroidir dans une terrine. Après cela, il ne vous reste plus qu'à les envelopper dans un papier huilé, après les avoir, auparavant, bien garnies de l'assaisonnement dans lequel vous leur avez fait faire un tour ; placez ensuite sur le gril, faites cuire à petit feu, et servez.

Langues de mouton à la purée. — Vos langues de mouton cuites et préparées comme nous venons de l'indiquer, peuvent se servir sur une purée de pois ou de lentilles, ou bien encore sur des épinards.

Cervelles de mouton à la rémoulade. — Ces cervelles se préparent de la même manière que celles de bœuf. Faites-les blanchir en versant dessus de l'eau bouillante, laissez-les pendant cinq minutes dans cette eau; puis, lorsqu'elles seront cuites et assaisonnées, servez-les sur une sauce verte ou sur une rémoulade.

Pieds de mouton à la poulette. — Jetez vos pieds de mouton dans de l'eau bouillante; enlevez avec soin tous les poils qui les recouvrent; lorsqu'ils seront bien nettoyés, mettez-les cuire pendant cinq ou six heures dans une casserole ou une marmite avec une demi-livre de saindoux ou de graisse de bœuf, ou bien, si on le préfère, avec du lard coupé en petits morceaux; ajoutez deux oignons, une carotte, un bouquet de persil, des ciboules, deux clous de girofle, deux gousses d'ail, deux cuillerées de farine, une tranche de citron; salez et poivrez, puis mettez sur un bon feu avec un demi-verre de vinaigre et laissez cuire jusqu'à ce que les os se détachent facilement; puis retirez vos pieds de mouton et faites-les égoutter. Après cela, mettez-les dans une casserole avec du beurre, une pincée de farine, une cuillerée de bouillon et du persil et une ciboule hachés très-fin; ajoutez une quantité suffisante de sel et de poivre, de la muscade; faite cuire sur un feu doux pendant une demi-heure, et au moment de servir, liez votre sauce avec trois jaunes d'œufs.

Pieds de mouton frits. — Faites cuire vos pieds de mouton à l'eau, puis désossez-les; mettez-les, après cela, dans une casserole sur le feu, au moins pendant une heure, dans une marinade composée de sel, poivre, d'une gousse d'ail, d'un demi-verre de vinaigre, d'une cuillerée de bouillon, d'un morceau de beurre roulé dans la farine, d'une feuille de laurier, de deux clous de girofle; cela fait, laissez refroidir, et lorsqu'ils seront froids, trempez les pieds dans de l'œuf battu, puis dans de la mie de pain; jetez-les dans la friture, et lorsqu'ils auront pris une belle couleur, servez-les avec du persil frit.

Viande de porc

Dans les campagnes, on fait une prodigieuse consommation de porc; c'est en quelque sorte la base de notre nourriture grasse. Vous retrouvez le lard dans la plupart de nos préparations; c'est lui qui graisse nos légumes, qui remplace le beurre bien souvent, qui remplace l'huile dans les salades du pauvre; c'est en un mot, notre principale ressource. En Belgique, toutefois, les ménages villageois n'élèvent pas leur consommation de porc au même chiffre qu'en France. Dans la Bourgogne, par exemple, il faut par année et pour quatre personnes un porc de 150 kilogrammes.

Avant de nous occuper des préparations, disons un mot de l'abattage du porc, de la salaison et de la fumaison.

Aussitôt l'animal saigné et le sang recueilli, on l'ouvre, on le suspend à une échelle, ou bien on le couche sur une table ou sur le fond d un tonneau, et on le laisse ainsi refroidir un jour ou un jour et demi avant de le saler.

Un saloir de deux hectolitres suffit pour contenir deux cochons de 150 kilogrammes chacun.

Chez nous, il est d'usage d'employer au moins 15 kilogrammes de gros sel blanc pour la salaison d'un cochon de 150 kilogr. En Ardenne, on en use moins parce qu'on sait en tirer meilleur parti. Nous ne prenons pas, comme les Ardennais, la peine d'écraser le sel et d'en frotter vigoureusement tous les morceaux l'un après l'autre, jusqu'à ce que ces morceaux refusent d'en prendre davantage. Nous les mettons d'abord au saloir, lit par lit, et les recouvrons tout simplement de gros sel. Cette méthode, encore une fois, ne vaut pas l'autre, coûte plus de sel, sale moins vite et moins bien.

On met au fond du saloir le lard gras, puis les jambons, et, en haut, les parties maigres, qui, au bout d'un mois ou deux sont trop salées. On serre, on presse, on garnit bien les vides, au fur et à mesure de la mise au saloir. On ne place dans le saloir ni la tête, ni les pieds, à moins que ce ne soit au-dessus et pour peu de temps, car on doit les manger frais. On mange de même la dépouille du cochon qui comprend les quatre feuilles de foie, le mou ou corée, le foie, lès rognons, la soupite ou ris de cochon. Avec les petits boyaux et le sang, on fait le boudin; avec les gros boyaux on fait les andouilles.

Un cochon de 150 kilogrammes donne de 8 à 9 kilogrammes de graisse, qu'on nomme oing, panne, saindoux; on fond cette graisse après l'avoir coupée et hachée menu. On la débarrasse ainsi de ses déchets que nous appelons *grattons* ou *bersaudes*. On la fond sur un bon feu, dans un pot de fonte. On ne la quitte point, on remue sans cesse, autrement, elle prendrait au fond et deviendrait brunâtre. Quand tous les déchets sont montés à la surface et que la graisse est bien claire, on verse dans une passoire.

En Ardenne, on ne laisse pas le porc au saloir plus de trois semaines. Au bout de ce temps, on retire les jambons et on les accroche dans l'intérieur de la cheminée, un peu haut d'abord, un peu plus bas au bout d'une quinzaine, et on les laisse ainsi exposés à la fumée du foyer pendant trois ou quatre mois. Quelquefois, on les enveloppe de papier, afin d'empêcher la fumée de déposer sur les jambons une couche de suie qui retarde la fumaison à l'intérieur; mais, la plupart du temps, on ne prend pas cette précaution. On pourrait fumer le lard de la même manière; mais ce n'est point l'usage : on suspend les quartiers dans une chambre froide ou au plancher des grandes cuisines. Avec des cuisines étroites et chaudes, le lard se dessèche trop.

En Bourgogne, les cochons mis au saloir en novembre ou décembre y restent fort longtemps; on ne retire les morceaux qu'au fur et à mesure des besoins du ménage. On ferait mieux de les retirer tous au mois d'avril et de les suspendre au plancher.

Nous parlerons d'abord des préparations à manger en frais; nous terminerons par les préparations des morceaux de saloir.

Foie de porc. — Mettez un quart de saindoux dans une casserole avec votre foie, une douzaine d'oignons, une carotte coupée en tranches, du thym, du laurier, une gousse d'ail, un peu de persil, un filet de vinaigre, une cuillerée de bouillon ou un verre d'eau, et laissez cuire à petit feu pendant trois heures.

Gâteau de foie de porc. — Hachez une livre de panne le plus fin possible; hachez à part un foie de deux livres; hachez d'un autre côté une échalote, un oignon, une gousse d'ail, une demi-feuille de laurier et une branche de thym. Mêlez le tout avec le foie et la panne; assaisonnez de sel et poivre. Après cela, beurrez le tour d'une casserole, enveloppez votre hachis avec la coiffe du porc, placez-le dans votre casserole, ajoutez dessus quelques lanières de lard, et faites cuire au four pendant une heure et demie. C'est un excellent mets qui peut se conserver de huit à quinze jours.

Mou ou corée de porc. — Coupez-le par petits morceaux, faites-le revenir dans la casserole avec du saindoux, puis retirez votre mou; faites un roux avec de la farine; mouillez avec du bouillon, un peu de vin ou une cuillerée de vinaigre; ajoutez sel et poivre, une gousse d'ail et un peu de persil haché très-fin ; remettez le mou dans la casserole, et laissez cuire à petit feu pendant une heure.

Rognons et ris de porc. — Fendez les rognons en deux, et mettez-les ainsi que le ris sur le gril. Quand vous les aurez retournés, assaisonnez de sel et de poivre, et servez-les bien chauds sur du beurre frais et du persil haché ; puis arrosez d'un filet de vinaigre.

Grillade de porc. — Coupez des tranches dans le filet, mettez sur le gril, et servez bien chaud, avec de la moutarde.

Côtes de porc. — Les côtes dégarnies se préparent de la même manière que la grillade.

Filet de porc aux oignons. — Mettez un morceau de graisse dans une casserole, puis le filet avec une grande quantité d'oignons. Salez, poivrez et faites cuire au four pendant une heure et demie. On peut ajouter des pommes de terre entières aux oignons.

Pieds grillés. — Avant de les griller, faites-les cuire dans une marmite avec eau, oignon, un bouquet de persil, deux gousses d'ail et une feuille de laurier. Quand ils sont cuits, retirez-les, faites-les égoutter, fendez-les en deux, graissez-les d'huile à manger, roulez-les dans de la mie de pain, avec sel et poivre, et mettez sur le gril.

Boudin. — Prenez les petits boyaux, et pour le sang d'un cochon, mettez quatre livres de panne, des oignons hachés, du persil, du sel, du poivre et des épices, le tout bien mêlé. Goûtez le mélange pour vous assurer qu'il est assez salé ; entonnez dans les boyaux que vous aurez soufflés d'abord pour vous convaincre qu'ils ne sont pas troués. Liez vos boudins, piquez-les çà et là avec une épingle pour les empêcher de crever, et mettez-les dans de l'eau prête à bouillir. Entretenez le feu de manière à ne pas provoquer l'ébullition. On reconnaît que le boudin est cuit lorsque, en le piquant, il en sort de la graisse. Alors, on le retire et on le laisse égoutter. Attendez qu'il soit froid pour le mettre sur le gril.

Andouilles. — Les gros boyaux servent à faire des andouilles. Il faut que ces boyaux trempent dans de l'eau claire pendant un jour. Ensuite, on les racle à l'eau chaude avec le dos d'un couteau, et on les met dans de l'eau claire pendant un ou deux jours pour les faire dégorger. Avec les boyaux d'un cochon, il y a de quoi préparer quatre andouilles. On choisit les moins plissés pour faire les robes ; les autres sont fendus en deux. La panse doit être dédoublée et mise en petits morceaux dans chaque andouille. On mange les andouilles soit fraîches, sur le gril, soit salées, avec le lard et les choux, soit fumées.

Saucisses. — Prenez du porc frais, autant de gras que de maigre, hachez le plus fin possible, assaisonnez de poivre et de sel. Bourrez de ce hachis des boyaux de mouton bien lavés, et vous aurez les saucisses rondes. Quant aux saucisses à la mode de Crépy ou plates, servez-vous de la même préparation et enveloppez dans la coiffe du cochon, en ayant soin de donner aux saucisses une forme plate et allongée. On mange les unes et les autres de diverses manières, et notamment après les avoir fait cuire sur le gril, à feu très-doux. Elles sont excellentes aussi avec la choucroute. Voici maintenant notre méthode bourguignonne, qui a bien son mérite : — Faites cuire les saucisses dans la poêle avec du beurre. Une fois cuites, dressez-les sur un plat, puis versez dans la poêle un demi-verre de vin blanc; laissez réduire un peu et arrosez-en vos saucisses.

Quand on veut conserver des saucisses pendant un temps assez long, on prend un grand boyau, et l'on noue les saucisses au fur et à mesure de la préparation, afin de les avoir toutes petites. Après cela, on les met tremper dans l'eau salée pendant vingt-quatre ou trente-six heures et on les suspend au plancher ou dans la cave.

Porc frais à la broche. — Mettez mariner un filet de cochon pendant trois jours, avec huile, sel, poivre, deux clous de girofle écrasés, deux oignons coupés en tranches; puis faites rôtir à la broche; arrosez avec la marinade, jusqu'à parfaite cuisson, et servez. On peut encore faire cuire dans le four du poêle et arroser de la même manière; mais une viande cuite au four ne vaut jamais celle cuite à la broche.

Côtelettes de porc frais. — Faites-les cuire dans la poêle avec un peu de saindoux ou du beurre, et, une fois cuites, mettez-les sur un plat, et versez un filet de vinaigre ou du vin blanc dans la poêle; laissez réduire un peu et arrosez-en vos côtelettes.

Côtelettes de porc à la sauce aux cornichons. — Faites cuire les côtelettes sur le gril ou dans la poêle; retirez-les, et versez dessus une sauce ainsi faite : — Mettez dans une casserole un morceau de beurre, de la farine; tournez jusqu'à ce que le mélange devienne d'un beau roux; liez avec du bouillon gras, et ajoutez poivre, sel, des cornichons hachés et de la moutarde.

Côtelettes de porc à la sauce piquante. — Hachez échalote, cerfeuil, ciboule, une gousse d'ail, le tout très-fin; mettez dans la saucière avec sel, poivre, une cuillerée de moutarde, tournez en laissant tomber de l'huile goutte à goutte. Ceci battu, ajoutez du vinaigre, et employez cette sauce pour vos côtelettes.

Fromage d'Italie. — Hachez ensemble deux livres de foie de porc, une livre de lard et une livre de panne, du persil, une ciboule, un peu de thym, une feuille de laurier, une gousse d'ail, une feuille de sauge. Après cela, mettez dans le fond de la casserole une toilette de cochon, puis sur cette toilette placez une couche de hachis de l'épaisseur de trois doigts, recouvrez ce hachis de minces tranches de lard, et ainsi de suite jusqu'à ce que la casserole soit pleine. Recouvrez de bandes de lard et laissez cuire au four pendant trois heures. Laissez refroidir; puis chauffez légèrement, afin de retirer le fromage entier.

Cervelas. — Hachez très-fin du porc frais entrelardé et un peu de lard salé; poivrez le hachis et ajoutez-y épices, muscade et ail; bourrez-en des boyaux que vous ficèlerez par les deux bouts; exposez-les pendant quelques jours à la fumée de votre cheminée et retirez-les pour ensuite les faire cuire dans de l'eau avec sel, persil, thym, ail et ciboules. Une fois cuits, on les sort de l'eau; on les laisse refroidir, et on les mange seuls ou avec de la choucroute.

Saucisson de Lyon. — La réputation du saucisson de Lyon est faite depuis longtemps; c'est pourquoi nous tenons à indiquer sa préparation. Prenez 2 kilogrammes de porc frais maigre, 1 kilogramme de filet de bœuf; hachez le tout très-fin; ajoutez-y 1 kilogramme de lard coupé en petits dés; mêlez, puis assaisonnez le mélange avec 300 grammes de sel fin, 20 grammes de poivre fin, autant de gros poivre, 5 grammes de poivre en grains et un peu de salpêtre en poudre, environ 30 grammes, afin de conserver au hachis sa couleur rosée. Tournez bien le tout; laissez reposer pendant 24 heures, et ensuite mettez le hachis dans de gros boyaux de porc, bien lavés à plusieurs eaux; pressez fortement pour qu'il ne reste aucun vide; arrêtez-les à chaque bout et ficelez-les d'un bout à l'autre comme on ficèle une carotte de tabac. En dernier lieu, placez les saucissons dans une grande terrine avec du sel et du salpêtre, soumettez-les à une forte pression pendant une huitaine; enlevez les poids, et pendez-les à la cheminée pour les sécher et les blanchir. Resserrez les ficelles. Une fois secs, frottez les saucissons avec de la lie de vin dans laquelle vous aurez fait macérer du thym, de la sauge, et des feuilles de laurier. Séchez une seconde fois, puis enveloppez de papier et renfermez-les dans une boîte entourée et couverte de cendres.

Langue de porc fumée et fourrée. — Échaudez-la bien pour ôter la première peau, puis passez-la à l'eau fraîche; mettez-la dans une terrine avec sel, un peu de salpêtre, de l'eau, une feuille de laurier, un peu de thym et quelques baies de genévrier. Chargez-la et laissez au frais pendant une semaine; ensuite retirez, égouttez et fourrez la langue dans un boyau; exposez à la fumée de la cheminée; enfin, faites cuire comme du jambon et mangez froid.

Jambon frais à la broche. — Prenez un jambon frais, dont vous enlèverez la couenne et que vous laisserez couvert de sa graisse; faites-le mariner pendant trois ou quatre jours avec sel, poivre, un peu d'huile d'olives, un bouquet de persil et une demi-bouteille de vin blanc. Deux heures seulement avant de le mettre sur la table, faites-le cuire à la broche, et arrosez-le souvent avec sa marinade. Une fois cuit, servez-le avec sa marinade, à laquelle vous ajouterez des échalotes hachées.

Jambon à l'ardennaise. — Prenez un jambon salé et fumé;

faites-le dessaler pendant vingt-quatre heures, en ayant soin de changer l'eau deux ou trois fois; mettez-le ensuite dans une marmite avec thym, laurier, deux gousses d'ail, des oignons, deux ou trois clous de girofle, quelques tranches de carottes et de l'eau. Faites cuire convenablement; retirez du feu, laissez refroidir et servez.

Jambon à la mode bourguignonne. — Prenez un jambon salé et mettez-le dessaler pendant deux jours dans un seau d'eau que vous renouvellerez soir et matin. Une fois dessalé, mettez-le cuire dans une marmite un peu grande, avec de l'eau, des carottes, des oignons, de l'ail, du laurier, du thym, du poivre et une bouteille de vin blanc, de façon que le jambon soit couvert. Lorsqu'il est à moitié cuit, vous coupez deux pieds de veau en morceaux et les jetez dans la marmite. Une fois cuit complétement, sortez le jambon, dessalez-le, relevez la couenne et même un peu plus épais que la couenne ; puis, faites des entailles dans tout le corps du jambon. Cela fait, prenez du persil haché bien menu avec deux ou trois gousses d'ail, trois pincées de poivre ; ajoutez du vinaigre de bonne qualité et battez bien le tout, comme pour faire une sauce verte. Prenez cette espèce de sauce verte, mettez-en tout au travers du jambon et sous la couenne que vous rabattez ensuite. Il ne reste plus qu'à retourner le tout avec un linge dans une casserole, de manière que la couenne se trouve en dessous. On charge avec un poids d'environ deux ou trois kilogrammes ; on place la casserole au frais et la gelée prend. Alors le jambon est prêt à être servi.

Jambon dans la poêle. — Coupez des tranches de jambon fumé, faites-les revenir dans la poêle avec un peu de beurre ; retirez-les, puis arrosez avec la sauce dans laquelle vous aurez versé un filet de vinaigre.

VI

VOLAILLE ET ŒUFS

Volaille

Sous ce titre, nous comprenons les poules, poulardes, chapons poulets, dindes, dindons, canards, canetons, oies, pintades, pigeons. Les préparations les plus vulgaires auxquelles on soumet la volaille, sont les suivantes :

Poulet rôti. — Quand le poulet est vidé et flambé, on remet le foie dans le ventre avec sel et poivre, on l'enveloppe de bandes de lard, on l'embroche et on le laisse cuire une demi-heure s'il est jeune et tendre; trois quarts d'heure, s'il est déjà fort. — Ajoutons en passant que le feu de bois est bien préférable à celui du charbon de terre pour les besoins d'une bonne cuisine.

Fricassée de poulet. — Mettez-le en morceaux; laissez-les tremper pendant une heure dans l'eau tiède, retirez-les et laissez égoutter. Pendant ce temps-là mettez dans une casserole un bon morceau de beurre, et dès que celui-ci sera fondu, faites-y sauter les morceaux de la volaille dépecée. Ajoutez une cuillerée de farine, un bouquet garni (persil, ciboule et thym), deux grandes cuillerées de bouillon, et laissez cuire à petit feu. Quand le poulet sera cuit, retirez-le et mettez-le sur un plat. Après cela, enlevez le bouquet, liez la sauce avec deux jaunes d'œufs, aromatisez avec du jus de citron, versez cette sauce sur la volaille et bordez le plat de rondelles de cornichons.

On peut aussi mettre en fricassée les restes des poulets rôtis.

Poulet sauté. — On découpe la volaille comme s'il s'agissait de la mettre en fricassée et l'on met les morceaux dans une casserole dont le fond a été d'abord bien beurré. On poivre, on sale et on saute le poulet sur le feu. Lorsque les morceaux sont jaunes ou dorés, comme l'on dit en terme de cuisine, on ajoute un hachis de condiments composés de deux échalotes, d'une gousse d'ail et de persil. Quelques-uns hachent aussi des champignons — ce qui ne gâte rien — mais le premier venu n'a pas toujours des champignons sous la main. On remue tout cela dans le beurre de la casserole ; on arrose avec du bouillon, puis avec du vin blanc ; on saute le poulet et avant qu'il bouille, on exprime un citron sur le tout et on sert.

Poulet au gros sel. — Cette préparation ne s'applique qu'aux poulets déjà durs. On les vide, on les prépare et on les met tout simplement cuire dans de l'eau avec du sel et un bouquet garni.

Poule au riz. — Voici un excellent plat de ménage ; l'essentiel est de le bien préparer. Mettez votre poule dans le pot-au-feu en même temps que le bœuf et avant les légumes. Laissez-la cuire pendant une heure, puis retirez-la. Après cela, mettez du riz sur le feu dans une casserole, avec un verre d'eau, du sel et deux clous de girofle. Dès que le riz crèvera, vous prendrez la graisse du pot-au-feu que vous verserez dessus, et à mesure que le riz s'épaissira, vous y verserez de nouvelle graisse de bouillon et l'éclaircirez. Alors vous mettrez la poule dans la casserole avec le riz, et lorsque sa cuisson sera achevée, vous servirez.

Capilotade de volaille. — Choisissez les plus beaux restes d'une volaille quelconque ; mettez-les sur un plat avec du bouillon chaud, et tenez ce plat sur un feu doux. Ensuite, faites fondre dans une casserole un bon morceau de beurre ; mélangez-y une cuillerée de farine en tournant ; versez-y après cela deux verres de vin blanc, ajoutez une gousse d'ail, du persil, un peu de thym, de la ciboule, laurier, sel, poivre et muscade. Quand la sauce aura bien bouilli, vous la passerez sur un tamis et la verserez sur le plat où vous avez mis les restes de volaille.

Dindon rôti. — On commence par garnir l'intérieur de viande à saucisses et de marrons grillés, à moitié cuits ; on barde la volaille avec du lard ; on l'expose au feu, puis on la charge d'un morceau de beurre qui ne tarde pas à fondre. On arrose souvent avec la graisse. Un dindonneau bien tendre n'exige pas plus d'une heure de cuisson.

Dinde en daube. — Mettez dans une daubière des tranches de lard, des rondelles de carotte, deux oignons piqués de clous de girofle et un bouquet garni. Placez-y la dinde farcie de viande à saucisses et de son foie haché, le tout bien épicé. Ajoutez des bandes de lard et mouillez avec du bouillon. Ajustez le couvercle de la daubière que vous lesterez soigneusement avec une pâte de son et d'eau, et vous porterez au four, ou bien encore vous mettrez le feu dessus et dessous et laisserez cuire doucement au foyer pendant cinq heures.

Canard rôti. — Les canetons ou jeunes canards sont à préférer pour la broche. On les vide, on les flambe, on les trousse, on les barde de lard et on les fait cuire doucement, en ayant soin de les arroser avec du bouillon qui se confond avec leur jus et forme une délicieuse sauce. Il est rare qu'il faille plus d'une demi-heure pour cuire à point un caneton. Pour un canard moins tendre, il faut compter sur trois quarts d'heure et quelquefois une heure.

Canard aux navets. — Commencez par vider et trousser le canard. Puis, mettez dans une casserole un bon morceau de beurre. Lorsqu'il est fondu, placez-y le canard. Lorsqu'il aura pris couleur c'est-à-dire qu'il sera jaune de tous les côtés, vous le retirerez et le remplacerez par des navets coupés en ronds. Vous tournerez ces navets pour les faire jaunir ; quand ils seront jaunes, vous ajouterez deux cuillerées d'eau chaude ou mieux de bouillon, un bouquet de persil, une pointe d'ail, du poivre et du sel. Alors vous remettrez le canard dans la casserole avec les navets ; la cuisson s'achèvera et vous servirez.

Oie rôtie. — L'oie a été depuis longtemps détrônée par le dindon ; mais elle a encore ses partisans de loin en loin, et nous savons des fêtes de famille qui ne seraient pas complètes si l'oie grasse n'y figurait comme pièce de consistance. Ce que l'on recherche surtout, c'est l'oie rôtie que l'on farcit avec de la chair à saucisses et des marrons. Il ne faut pas moins de deux heures pour rôtir une oie. Les plus jeunes sont les meilleures ; pour ce qui est de la couleur de la graisse, on préfère celle qui est parfaitement blanche à celle qui est jaunâtre. Cette graisse est délicieuse et très-recherchée par les ménagères qui la servent telle quelle sur la table ou qui s'en servent pour accommoder des pommes de terre, des haricots blancs, de la chicorée, etc.

Oie en ragoût. — Coupez l'oie par morceaux ; mettez à fondre du beurre dans une casserole ; faites-y revenir les morceaux en question ; assaisonnez avec sel et poivre. Quand l'oie est bien roussie, ajoutez une cuillerée de farine et du bouillon, puis deux litres de marrons à moitié rôtis et laissez cuire. Arrivé aux trois quarts de la cuisson, aromatisez avec un peu de muscade râpée. — L'oie en ragoût est un plat de famille très-économique.

Pintade. — La pintade plumée n'est pas appétissante et ne fait pas fortune sur nos marchés. Ce n'en est pas moins cependant un excellent morceau qui ne sera peut-être jamais aussi répandu que le poulet, mais dont le prix deviendra abordable. Bon nombre de gros cultivateurs l'ont déjà introduit sur leurs tables, dans les grandes occasions bien entendu. Les pintades se préparent comme les poulets et poulardes.

Pigeons. — Les pigeons de volière sont préférés aux fuyards. Ils sont plus gros, plus gras et plus tendres.

Pigeons rôtis. — On commence par les vider, les flamber, les trousser, les envelopper d'une feuille de vigne dans la saison et les barder de minces tranches de lard par-dessus la feuille. Il ne reste plus qu'à les mettre à la broche. Une demi-heure de cuisson suffit.

Pigeons à l'étuvée. — Une fois préparés, on les met dans un roux avec de petits oignons ; on arrose de vin blanc et de bouillon ; on sale et on poivre.

Pigeons aux petits pois. — On fait revenir les pigeons dans le beurre avec de petits morceaux de lard ; on ajoute farine, bouillon, bouquet garni, sel, poivre, et quand ils sont cuits, on les sert avec des petits pois préparés au lard.

Pigeons à la crapaudine. — Lorsqu'ils ont été vidés, troussés et flambés, on les fend par le dos depuis la naissance des ailes jusqu'au croupion ; on les aplatit ensuite avec le plat du couperet. Ceci fait, on les saupoudre légèrement de sel et de poivre et on les met dans une casserole avec du beurre, quelques tranches d'oignon et un bout de feuille de laurier. Pendant que la cuisson se fait, on prépare un mélange de mie de pain, d'échalotes et de persil hachés très-fin. Lorsque les pigeons sont à moitié cuits, on les enlève de la casserole et on délaye deux jaunes d'œufs dans leur jus. On y trempe ensuite les pigeons bien complétement, et de suite après, on les enduit du mélange de mie de pain, d'échalotes et de persil, et ainsi panés, on les met sur le gril, on achève doucement leur cuisson, et on les sert avec une sauce relevée, faite avec des échalotes.

Des Œufs.

Nous n'entendons parler ici que des œufs de poules ; nous réservons ceux de dindes, de canes et d'oies pour la pâtisserie.

Les œufs de poules ne se valent pas tous indistinctement ; il y a du choix dans la qualité, et plus qu'on ne se l'imagine. Les poules des pays plats et marécageux ne vous donneront pas des produits aussi bons que les poules des pays secs et montagneux ; les œufs des poules nourries avec du sarrasin ou blé noir sont loin de valoir ceux des poules nourries avec de l'orge ou de l'avoine ; les œufs de poules nourries dans le voisinage des villes avec des vers, n'ont pas, à beaucoup près, la délicatesse des œufs de poules nourries avec des graines ou des pommes de terre !

L'utilité des œufs n'a pas besoin d'être démontrée ; ils sont d'un usage fréquent, et entrent dans la plupart des préparations culinaires. Nous ne nous occuperons que de celles dont ils forment la base :

Œufs à la coque. — Quand l'eau bout, mettez-y vos œufs, de manière à ce qu'ils plongent entièrement ; puis retirez tout aussitôt la marmite, tenez-la couverte pendant cinq minutes ; enlevez après cela les œufs, et servez-les enveloppés dans un linge.

Œufs sur le plat. — Prenez un plat qui résiste au feu, graissez-le bien avec un bon morceau de beurre frais, cassez-y vos œufs, ajoutez sel fin et poivre, et lorsqu'ils seront cuits à point, vous pourrez y verser deux ou trois cuillerées de crème.

Œufs frits. — Faites fondre du saindoux dans la poêle, et lorsque votre friture sera bien chaude, cassez-y vos œufs un à un, de manière à ce qu'ils ne s'étalent pas. Retournez-les avec l'écumoire, ne laissez pas trop cuire les jaunes, retirez-les sur un plat, saupoudrez de sel, aiguisez d'un filet de vinaigre et servez bien chaud.

Œufs frits au beurre. — Lorsque le beurre ne crie plus dans la poêle, cassez-y vos œufs comme précédemment; retournez-les; servez ensuite sur un plat, en ayant soin de ne pas les rompre; puis mettez dans la poêle deux ou trois cuillerées de crème et une de vinaigre, laissez chauffer un peu et versez sur les œufs frits.

Œufs brouillés. — Mettez du beurre dans une casserole avec des œufs, assaisonnez avec sel et poivre, faites cuire à feu doux sur un fourneau, en ayant soin de remuer toujours. Aussitôt cuits, servez. Souvent, on y ajoute une cuillerée de crème. C'est ce qui distingue les œufs brouillés en maigre des œufs brouillés au naturel.

Œufs aux petits pois. — Mettez des pois verts et du bouillon gras dans une casserole en terre; lorsque ces pois seront bien cuits, ajoutez-y de petits croûtons de pain frits, puis cassez-y vos œufs; assaisonnez avec sel et poivre, recouvrez la casserole, et achevez de cuire avec feu dessous et feu dessus.

Œufs à la tripe. — Mettez un bon morceau de beurre frais dans la poêle. Lorsqu'il ne criera plus, jetez-y des oignons hachés menu et laissez cuire doucement. Une fois ces oignons cuits, versez-les sur des œufs durs et coupés en quartiers, que vous aurez eu soin de saupoudrer de sel blanc. Après cela, mettez dans la poêle une cuillerée de vinaigre et une de moutarde; laissez chauffer un peu et ajoutez le tout à la sauce.

Œufs farcis. — Faites cuire au dur un certain nombre d'œufs, enlevez les coquilles, coupez-les en deux par le milieu, séparez-en les jaunes que vous mettrez à part dans une terrine avec un quarteron de beurre frais, du persil haché, du sel fin, un morceau de mie de pain trempée dans du lait; écrasez le tout ensemble et faites-en une pâte ou farce avec laquelle vous remplirez les blancs. Après cela, beurrez un plat, étendez-y le reste de votre farce, arrangez dessus vos œufs, de manière à ce que la pâte soit en dessous; laissez cuire à petit feu durant un quart d'heure et servez.

Œufs au beurre noir. – Faites fondre un morceau de beurre dans la poêle, et lorsqu'il ne criera plus, jetez-y vos œufs, que vous aurez d'abord cassés dans un plat et assaisonnés de sel et de poivre. Lorsqu'ils seront cuits, et avant de les retirer du feu, passez dessus une pelle rougie au feu; versez-les sur le plat et ajoutez-y une cuillerée de vinaigre chauffé dans la poêle.

Œufs au lait à la minute. — Mettez du lait sur le feu, et, tandis qu'il chauffera, cassez des œufs dans une terrine; ajoutez du sucre et battez-les bien. Aussitôt que votre lait bouillira, vous y verserez vos œufs battus, lentement, en ayant soin de tourner constamment pour qu'ils ne cuisent pas. Puis, vous les passerez dans un plat, que vous poserez sur de la cendre chaude avec un couvercle et du feu dessus. Ils prendront à l'instant. Dans le cas où vous tiendriez à leur donner une belle couleur, mettez dessus un peu de sucre râpé et passez-y la pelle rougie au feu.

Œufs à la neige. — Pour sept ou huit personnes, par exemple, mettez dans une casserole un litre de lait, deux cuillerées d'eau de fleurs d'oranger, un quarteron de sucre et faites bouillir le tout. Puis prenez douze œufs, séparez les blancs, battez ces blancs en neige bien ferme et saupoudrez-les de sucre. Quand votre lait a bouilli, placez-y, cuillerée par cuillerée, vos blancs en neige ; retournez-les avec une écumoire pour que la cuisson se fasse de tous les côtés, dressez-les sur le plat. D'autre part, battez les jaunes avec une cuillerée de lait froid, et servez-vous-en pour lier le lait qui est sur le feu. Cela fait, versez sur vos blancs et laissez refroidir avant de servir.

Œufs à l'ardennaise. — Voici une préparation que nous ne connaissons pas et que nous empruntons à un livre de cuisine : — « Battez en neige des blancs d'œufs que vous aurez assaisonnés comme une omelette, versez cette neige sur une tourtière beurrée, et versez aussi à travers votre neige quatre ou cinq cuillerées de bonne crême. Placez-y ensuite, à distances égales, les jaunes entiers ; faites cuire promptement, feu dessus et dessous, mais à feu qui ne soit pourtant pas trop vif. Servez sur la tourtière sans faire attendre. »

Omelette aux fines herbes. — Cassez des œufs dans une terrine, à raison de trois œufs par deux personnes ; assaisonnez de sel, de poivre, de persil et de ciboule hachés très-fin, et battez bien le tout. Faites fondre un morceau de beurre dans la poêle, versez-y vos œufs, laissez bien cuire et servez.

Omelette à l'oseille.— Cette omelette se prépare comme la précédente, avec cette seule différence qu'on se sert d'oseille hachée, au lieu de se servir de persil et de ciboules.

Omelette au fromage. — On casse les œufs dans la terrine, on y râpe du fromage de Gruyère ou de Hollande ; on assaisonne de sel et de poivre, on bat bien et on fait cuire dans la poêle. Cette omelette demande à être mangée très-chaude.

Omelette au lard ou au jambon. — Pour l'omelette au lard, mettez un peu de beurre dans la poêle avec du lard coupé en petits dés. Dès que ce lard est bien roussi, on y ajoute les œufs battus, mais assaisonnés seulement de poivre. Pour l'omelette au jambon, procédez de la même manière; seulement, faites cuire le jambon en tranches larges et minces.

Omelette aux harengs saurs. — Coupez vos harengs saurs en long, par le dos; enlevez la peau, la tête et la queue; retirez les arêtes, faites frire dans la poêle avec du beurre, et ajoutez vos œufs battus à raison de trois par chaque hareng.

Omelette à l'oignon. — Mettez un morceau de beurre dans la poêle, faites-y cuire des oignons coupés en tranches fines, et lorsqu'ils seront cuits, mouillez-les avec un peu de crème; ajoutez sel et poivre, puis, vos œufs battus, tournez le tout ensemble, et faites cuire.

Omelette à la mie de pain. — Mettez un peu de mie de pain dans une terrine avec un verre de crème; salez, poivrez; remuez le tout, et attendez que la mie de pain ait bien épongé la crème. Après cela, cassez-y des œufs, et les battez ensemble pour faire une omelette.

Omelette aux pommes. — Faites revenir des ronds de pommes dans le beurre, et versez dessus vos œufs battus; saupoudrez de sucre avant de servir.

Omelette au sucre. — Battez les blancs d'œufs d'un côté, les jaunes d'un autre côté; mêlez lorsqu'ils ont été bien battus; ajoutez une cuillerée de crème, du sucre en poudre, de la râpure d'écorce de citron, un peu de sel, mais bien peu; faites cuire dans la poêle; pliez-la en deux une fois cuite; saupoudrez de sucre râpé, et lustrez avec la pelle rougie au feu.

Omelette aux confitures. — Procédez comme pour la précédente; mais, avant de la servir, mettez des confitures à votre choix; pliez en deux, saupoudrez de sucre, et lustrez.

Nous n'avons point parlé de l'omelette simple, parce qu'elle est connue de toutes les ménagères.

VII

DU GIBIER

Bécasse et Bécassine

Bécasses et Bécassines à la broche. — On leur donne le temps de faisander ou tout au moins de s'attendrir. Alors, on les plume, on les flambe, on les barde d'une mince et large bande de lard et on les fixe à la broche. Il va sans dire qu'on ne les a pas vidées. On place sous les bécasses et les bécassines des tranches de pain grillé destinées à recevoir tout ce qui tombe de leur corps. Au bout de 25 à 30 minutes au plus, la cuisson est complète et l'on sert le gibier sur la rôtie de pain.

On découpe la bécasse comme le poulet en levant les ailes d'abord, puis les cuisses, après quoi on sépare le croupion et on rompt la carcasse. L'aile est le morceau de choix; la cuisse a plus de fumet, mais elle ne vient qu'en seconde ligne.

La bécassine se coupe en deux dans le sens de la longueur.

On ne sert pas les têtes; elles ne figurent sur le plat qu'à titre de pièces à l'appui.

Salmis de Bécasses et de Bécassines. — On les découpe par morceaux lorsqu'elles sont presque cuites. Ensuite, on met dans une casserole tout ce qui se trouve dans l'intérieur du corps et que l'on écrase bien avec du bouillon, des échalotes, de l'ail et l'on ajoute un bouquet de persil et une demi-feuille de laurier. On fait réduire la sauce sur le feu, on y met un peu de beurre, une cuillerée de farine, on la passe au tamis, on ajoute les morceaux de bécasses ou de bécassines, on leur donne le temps de chauffer dans la sauce, on y exprime le jus de la moitié d'un citron. Quand les morceaux de bécasses sortent de la broche et sont encore chauds, on se contente de les mettre sur le plat et de verser la sauce dessus. C'est le meilleur procédé.

Caille.

Cailles à la casserole. — Les cailles ne sont bonnes que fraîches. Plumez-les, videz-les, flambez-les et enveloppez-les de minces bandes de lard, et mettez-les ainsi dans la casserole avec un morceau de beurre frais, du sel, du poivre et un peu de thym.

Cailles rôties. — Préparez-les comme pour la casserole, et de plus entourez-les d'une feuille de vigne qui contribue à relever leur fadeur par une saveur acidule, fixez-les à la broche, retirez-les du feu au bout de 20 minutes et servez.

Cailles à l'oseille. — Les cailles cuites dans la casserole ou même rôties, et servies après cela avec de l'oseille, sont recherchees de quelques amateurs.

Canard sauvage.

Canard sauvage rôti. — Donnez-lui le temps de s'attendrir ou de faisander. Plumez, videz, flambez, bardez de lard et mettez à la broche avec une sauce au pauvre homme en dessous. Quand vous remarquerez des gouttelettes de jus qui sortiront de la chair en même temps qu'un jet de vapeur, le canard sera cuit à point. Vous le servirez avec la sauce à part.

Salmis de Canard sauvage. — Quand le canard est aux trois quarts cuit, on le retire de la broche, on le coupe par morceaux, on verse le jus par-dessus et on tient tout cela chaud, sans faire bouillir. D'autre part, on prend les débris du canard, on les met dans une casserole, avec du vin rouge, de l'échalote, un clou de girofle, une pincée de poivre blanc en grains et l'on chauffe jusqu'à ce que la sauce soit réduite de moitié. On y ajoute du bouillon ; on passe au tamis et l'on complète la préparation avec une cuillerée d'huile d'olive et le jus de la moitié d'un citron. On verse cette sauce sur les morceaux de canard dressés sur un plat avec des croûtons rôtis dans le beurre.

Chevreuil.

Chevreuil à la broche. — Enlevez la peau du gigot jusqu'au pied ; piquez la chair de lard fin, et faites mariner pendant cinq ou six jours dans une terrine où vous aurez mis deux verres de vinaigre, un verre d'eau, sel, poivre, oignons, échalote, thym, persil, clous de girofle et laurier. Si vous ne tenez pas à ce que le quartier de chevreuil marine, mettez-le tout simplement sur un plat avec sel, poivre, persil en branches, oignons coupés en rondelles et arrosez avec quelques cuillerées d'huile et de vinaigre. Vous le retirerez au bout de 6, 7, 8 ou 10 heures pour le mettre à la broche une heure après. Soit qu'on fasse mariner, soit qu'on s'en dispense, il faut laisser au quartier de chevreuil le temps d'égoutter, après quoi, on l'essuie. Il ne faut pas moins d'une heure et demie pour le cuire convenablement. On recommande de chauffer moins du côté du filet que du côté du gigot.

On sert le rôti de chevreuil avec son jus, ce qui n'empêche point de servir à part une sauce énergique, telle que sauce au pauvre homme ou sauce piquante.

Côtelettes de Chevreuil. — On les aplatit comme les côtelettes de mouton et on les met 24 heures dans la marinade que nous indiquions tout à l'heure. Dès qu'on les a retirées de la marinade, on les presse dans une serviette afin de les essuyer, on les fait sauter dans du beurre frais et cuire à bon feu. On les sert avec une sauce piquante, ou bien on met dans le plat qui a servi à les cuire, un peu d'échalote et d'ail haché, une demi-cuillerée de farine, du vin blanc et une cuillerée de la marinade. On sale, on poivre, on ne laisse pas bouillir cette sauce et on la verse sur les côtelettes aussitôt qu'elle est suffisamment liée.

Civet de Chevreuil. — On le prépare comme le civet de lièvre (voyez *Lièvre*). L'épaule et la poitrine sont les morceaux qui conviennent le mieux pour la préparation du civet.

Le public auquel s'adresse plus particulièrement ce petit livre, ne voit que bien rarement le gibier sur sa table; en conséquence, on nous permettra de passer sous silence les modes de préparation de l'émincé, du filet et du hachis de chevreuil.

Faisan.

Faisan rôti. — Le faisan, en certaines localités, est devenu très-commun et ne se vend parfois pas plus cher qu'un bon poulet. Les marchés de Paris et des environs en fournissent de temps à autre la preuve. — Le faisan rôti se prépare exactement comme le poulet rôti.

Faisan en salmis. — On le fait de la même manière que le salmis de bécasses.

Lapin.

Gibelotte de Lapin. — Il va sans dire que les préparations culinaires auxquelles on soumet les lapins de garenne sont de tous points applicables aux lapins domestiques. La meilleure de ces préparations est sans contredit la gibelotte. Pour la faire, on découpe le lapin, on en met les morceaux dans une casserole après y avoir fait fondre un bon morceau de beurre (125 grammes environ) et obtenu un roux avec une cuillerée de farine. On ajoute des petits morceaux de lard ; on mouille avec du bouillon, avec du vin blanc, on assaisonne avec poivre, sel, bouquet garni, clous de girofle, puis on chauffe vivement pendant une demi-heure environ. Après cela on ajoute à la gibelotte quelques petits oignons et des champignons passés au beurre.

Lapin sauté. — Voici ce qu'en dit Mme Millet-Robinet dans la *Maison rustique* des dames : — « Le lapin sauté est excellent. — Après l'avoir dépouillé et vidé, on le coupe par morceaux comme pour l'accommoder en civet, et on le met dans une casserole ou une poêle avec un morceau de beurre, du sel, du poivre et autres épices ; on le fait sauter jusqu'à ce qu'il ait pris une belle couleur ; puis on ajoute des champignons, du persil, des échalotes hachées. On le fait sauter de nouveau, on le mouille avec du vin blanc, et on laisse bouillir quelques instants. »

Lapin à la broche. — Un jeune lapin, dépouillé, vidé, piqué de lard fin sur le dos et les cuisses, et mis à la broche pendant une demi-heure, est un assez bon morceau, quand, bien entendu, il est relevé par une sauce piquante.

Lièvre.

Civet de Lièvre. — Découpez le lièvre par morceaux ; puis faites-le mariner légèrement pendant vingt-quatre heures avec sel, poivre et un verre de bon vin blanc. Après cela, mettez dans une casserole 125 grammes de beurre bien frais, et lorsque ce beurre est fondu, ajoutez-y 125 grammes de petit salé coupé en dés. Dès que le petit salé est suffisamment revenu dans le beurre, autrement dit bien roussi, retirez-le et passez vos morceaux de lièvre dans la casserole. Ajoutez une demi-cuillerée de farine ; tournez, versez-y une grande cuillère de bouillon, continuez de tourner ; assaisonnez de sel, poivre, thym, bouquet de persil et finissez en y versant une demi-bouteille de vin. Laissez cuire pendant une heure environ, dégraissez la sauce et servez.

Lièvre à la broche. — Le plus ordinairement une partie du lièvre se met en civet, tandis que le râble est réservé pour la broche. On commence par piquer de lard le râble en question, et le faire mariner dans le vinaigre pendant vingt-quatre et mieux quarante-huit heures. On le met ensuite à la broche, on lui fait prendre couleur devant un feu très-vif, en ayant soin de ne pas laisser trop cuire. On sert le râble avec une sauce aux échalotes hachées et au vinaigre. On ajoute à cette sauce le jus de la cuisson.

Omelette au sang de lièvre. — C'est bien certainement une des meilleures omelettes qu'on puisse recommander. Cassez dix œufs pour le sang d'un lièvre ; ajoutez sel, poivre, une gousse d'ail et du persil hachés très-fin ; battez bien le tout et versez dans la poêle où vous aurez fait fondre un bon morceau de beurre. Lorsque votre omelette est cuite d'un côté, faites-la glisser dans un plat et replacez-la dans la poêle sur le côté insuffisamment cuit.

Perdrix. — Nous les distinguons en perdrix rouges et perdrix grises. Les premières n'ont sur les secondes qu'un avantage, celui d'un plumage très-élégant, mais pour ce qui est de la qualité, la perdrix grise est supérieure à la rouge par sa chair fine et juteuse. — En cuisine, nous formons de ce gibier deux catégories : l'une comprend les perdreaux, c'est-à-dire les jeunes ; l'autre les perdrix, c'est-à-dire les sujets d'un an et plus. Les préparations varient avec l'âge. On distingue les perdreaux à leurs pattes lisses et aux plumes de l'aile qui ont le bout pointu ; chez les perdrix, les pattes sont rugueuses et écailleuses et le bout des grosses plumes est arrondi. Les perdreaux rouges se reconnaissent à la tache blanche qui s'accuse à l'extrémité des plumes de l'aile, tandis que la perdrix rouge en est dépourvue.

Perdreaux à la broche. — Plumez l'oiseau, à l'exception de la tête et de la partie supérieure du cou ; videz, flambez, enveloppez de minces tranches de lard, protégez les parties emplumées en les enveloppant de papier graissé d'huile ou de beurre, puis mettez à la broche et faites rôtir une demi-heure environ. Après cela, débrochez, ôtez le papier huilé ou beurré, servez et découpez de façon à détacher les ailes et les cuisses.

Perdreaux à la casserole. — Plumez, videz, flambez et coupez la tête et le bout des ailes. Bardez de lard, et mettez les perdreaux dans une casserole avec deux rondelles de citron, des tranches de carotte et d'oignon, un peu de thym et de persil, un verre de vin blanc et quelques cuillerées de bouillon. Laissez cuire, mettez sur le plat, faites réduire le jus de la cuisson, versez-le sur les perdreaux et servez.

Perdrix aux choux. — Plumez, videz, flambez, retranchez la tête, enveloppez de tranches de lard, et mettez vos perdrix dans une casserole avec un morceau de beurre frais. Au bout d'un quart d'heure, ajoutez un morceau de petit salé, une ou deux carottes, un ou deux oignons, un clou de girofle et une demi-feuille de laurier. Puis arrosez avec du bouillon et laissez cuire pendant une heure et même plus si les perdrix sont vieilles et coriaces. Pendant ce temps-là, faites blanchir un chou de Milan, dans l'eau bouillante, retirez-le, égouttez-le, pressez-le dans un linge, salez, poivrez, ficelez le chou et faites-le cuire avec les perdrix dans la casserole. Quand le tout est cuit, enlevez le chou, mettez-le sur le plat, ôtez la ficelle et placez par dessus les perdrix et le petit salé coupé par morceaux. Faites réduire le jus de cuisson et versez sur le tout.

Petits oiseaux. — Sous ce titre, nous comprenons les grives, alouettes, becfigues, ortolans, rouges-gorges, etc. Tous sont préparés de la même manière, soit à la broche, soit à la casserole, soit enfin sur le gril. Il n'est pas d'usage de vider les petits oiseaux destinés à être rôtis. On les barde de lard, on les enveloppe quelquefois d'une feuille de vigne, on les embroche et on met des tranches de pain grillé dans la lèchefrite, pour recevoir ce qui tombe. — Quand on destine les petits oiseaux à la casserole, on les barde également et on les met dans la casserole avec un petit morceau de beurre frais. On sale et on poivre très-légèrement. — Quand on veut faire cuire les petits oiseaux sur le gril, on les prépare comme s'il s'agissait de les rôtir, puis on les embroche transversalement avec une sorte de grosse aiguille à tricoter. Une brochette en argent vaudrait mieux. On prend ensuite une feuille de papier huilé, dont on relève les quatre bords pour imiter une lèchefrite, on y place les oiseaux le dos en l'air, on sale, on poivre et on laisse cuire doucement sur le gril. Au bout de quelques minutes, on les retourne et on attend que la cuisson soit achevée.

Sanglier. — Le sanglier est peut-être moins estimé qu'il ne mérite de l'être; pour notre compte néanmoins, nous le tenons en grande estime pourvu qu'il ne soit ni trop jeune ni trop vieux. Un sanglier de 80 à 120 livres est excellent. — On prétend parfois que les préparations appliquées à la chair de porc peuvent l'être de tous points au sanglier. C'est une erreur ; avec le porc, on peut se dispenser d'une marinade ; avec le sanglier la marinade est de rigueur.

Nous n'avons pas à nous occuper ici de la hure qui est un véritable morceau de luxe ; nous nous contenterons de recommander le filet en daube et le filet avec des haricots rouges au vin, mais surtout le premier.

Sanglier en daube. — C'est ce que, dans le grand monde de la cuisine, on appelle du sanglier braisé. — Faites mariner votre sanglier pendant une semaine, si c'est possible, dans de la faïence ou un vase de grès, avec huile d'olives, rondelles d'oignons, thym, clous de girofle, poivre et sel. Une fois mariné, prenez une daubière ou braisière qui n'est autre chose qu'une casserole allongée, munie d'un couvercle à bords relevés. Garnissez le fond de votre daubière de tranches de lard, d'oignons, de carottes, de thym, puis salez et poivrez. Là-dessus, mettez votre morceau de sanglier et recouvrez de tranches de lard, d'oignons, de carottes ; ajoutez un verre de vin blanc, un demi-verre d'eau, quelques cuillerées de bouillon. Mettez la daubière au foyer sur de la braise, ajustez le couvercle, lutez-le si vous le voulez avec de la pâte de farine, chargez ce couvercle de braise et faites cuire doucement, surtout quand la cuisson arrive à sa fin.

VIII

POISSONS

Poissons d'eau douce et poissons de mer.

Les poissons font partie de tous les repas bien servis. Pour les passer successivement en revue, nous les diviserons, selon l'habitude, en deux catégories : celle des poissons *d'eau douce* et celle des poissons *de mer;* puis, dans chaque catégorie, nous les classerons par ordre alphabétique.

Commençons par les poissons *d'eau douce* ou mieux pêchés en eau douce, et constatons d'abord qu'ils fournissent, à de rares exceptions près, une nourriture agréable et de facile digestion.

Alose. — L'alose est un poisson de passage qui habite la mer le plus ordinairement, mais qui, au printemps, à l'époque du frai, remonte quelques-uns de nos fleuves et de nos rivières. On saisit donc cette occasion de la montée pour en pêcher des quantités considérables en eau douce. On en trouve dans la Gironde, la Loire, la Meuse, le Rhin, le Rhône, la Seine, la Somme et ailleurs encore, mais les aloses de la Seine passent, à tort ou à raison, pour être les meilleures de toutes. L'alose est de la même famille que le hareng, et lui ressemble beaucoup ; toutefois, elle diffère de ce dernier par sa grande taille qui atteint par moments 1 mètre, et par son poids qui atteint jusqu'à 2 kilos. La chair des aloses pêchées en eau douce avant la ponte, est excellente, mais après la ponte, elle est de mauvaise qualité. On fait très-peu de cas des aloses pêchées en mer ou dans les eaux saumâtres.

Alose au court bouillon. — Nous estimons tout particulièrement les aloses préparées au court-bouillon. A cet effet, mettez dans la poissonnière moitié eau et moitié vin blanc, ou même du vin blanc sans mélange ; ajoutez sel, poivre, ail, bouquet garni, un oignon et une carotte coupés par rondelles ; faites cuire votre court-bouillon pendant un quart d'heure, et, après cela, mettez-y l'alose préparée et vidée, puis laissez cuire. Quelques personnes assurent que l'alose non écaillée est préférable à l'alose écaillée, attendu que la première conserve mieux sa graisse que la seconde, mais c'est là une affaire de goût que nous ne discuterons pas. — Aussitôt votre alose cuite, servez-la entourée de persil, soit avec une mayonnaise, soit avec une sauce piquante.

Alose grillée. — Après l'avoir vidée et écaillée, faites-la mariner deux ou trois heures avec de l'huile d'olives, du sel, du poivre, un oignon coupé et un peu de vin blanc ; retournez-la plusieurs fois dans la marinade ; mettez-la sur le gril après l'avoir incisée sur le dos, arrosez avec la marinade en question, puis servez sur une purée d'oseille ou tout simplement avec une sauce verte préparée avec huile, vinaigre, sel, poivre et persil haché.

Anguille. — L'anguille est un excellent poisson qui n'a d'autre tort, à nos yeux, que d'être indigeste et de ne pas convenir à tous les estomacs. La meilleure est celle qui vit dans les eaux courantes, et on la reconnaît aisément à la couleur brune de son dos et à la couleur argentée de son ventre.

Anguille à la tartare. — Prenez une anguille dépouillée, vidée et roulée en spirale ; mettez-la sur le gril et faites-la cuire à feu doux avec ou sans four de campagne. Servez ensuite avec une sauce à la tartare, dont la préparation a été indiquée page 20 de ce livre.

Anguille à la poulette. — On la dépouille, on la vide et on la coupe par morceaux. Après cela, on la fait cuire cinq ou six minutes dans de l'eau bouillante avec un peu de sel, un peu de vinaigre. Dès que les morceaux d'anguille sont suffisamment cuits, on les retire, on les met égoutter et il ne s'agit plus que de préparer la sauce à la poulette de la manière suivante : — Faites fondre dans une casserole un morceau de beurre très-frais ; ajoutez-y une cuillerée de farine, tournez toujours en ayant soin de ne pas laisser roussir ; mouillez avec de l'eau chaude et un peu de vin blanc, mettez sel, poivre, un bouquet garni ; placez ensuite les morceaux d'anguille dans la sauce, laissez faire quelques bouillons, retirez l'anguille, placez-la sur le plat ; liez la sauce avec deux ou trois jaunes d'œufs et versez dessus.

L'anguille est de rigueur dans les bonnes matelotes.

Barbeau. — C'est un poisson d'assez bonne qualité, auquel on ne reproche que la mollesse de sa chair. Il faut se méfier de ses œufs qui sont un purgatif énergique, une sorte de poison qui provoque des vomissements. La meilleure manière de préparer le barbeau, c'est de le faire cuire au bleu, c'est-à-dire au court-bouillon, et de le servir froid avec une sauce piquante. On peut aussi le griller et le servir avec une sauce au beurre ou une sauce blanche. Le barbeau n'est pas déplacé dans une matelote.

Brochet. — Le brochet est commun dans les eaux courantes et dans les étangs, mais celui des eaux courantes est de meilleure qualité que celui des eaux dormantes. On les distingue aisément les uns des autres ; les brochets d'étangs sont de couleur brune, tandis que ceux de rivière ont le dos verdâtre et le ventre d'un beau blanc argenté. Nous ferons, quant au brochet, la recommandation que nous faisions tout à l'heure à l'endroit du barbeau; on doit en rejeter les œufs et la laitance qui sont purgatifs et provoquent les vomissements. On mange le brochet au bleu, à la broche et en matelote.

Brochet au bleu. — Écaillez-le en allant de la queue à la tête, retirez les ouïes, videz le poisson et faites cuire au court bouillon. Dès qu'il sera cuit, retirez-le de la poissonnière et servez-le de suite avec une sauce au beurre, à laquelle il est d'usage d'associer des câpres. Si vous voulez le manger froid, faites une sauce piquante à l'huile et au vinaigre.

Brochet à la broche ou rôti. — On ne prépare de cette façon que les pièces d'un beau volume. On les vide après les avoir écaillées, on les frotte de sel, on les pique de lard, on les enveloppe d'un papier beurré, on les embroche et, pendant qu'ils cuisent, on arrose avec du vin blanc relevé d'un filet de vinaigre ou de jus de citron. On sert les brochets avec leur sauce.

Carpe. — Ainsi que tous les poissons d'eau douce, les carpes pêchées en eau courante valent mieux que celles qui proviennent d'étangs ou d'eaux vaseuses. Ajoutons que les carpes mâles ou laitées sont plus estimées que les carpes femelles ou œuvées, qu'on les recherche surtout dans l'arrière-saison et en hiver, et qu'on accorde toujours la préférence à celles qui ont le dos large et le corps court. On reconnaît les carpes de rivière aux écailles du dos qui tirent sur le brun, tandis que celles des côtés sont d'un beau jaune et celles du ventre blanchâtres. Nous n'avons pas besoin de dire que la laitance et les œufs doivent être conservés précieusement. — Les préparations culinaires de la carpe sont nombreuses, mais nous ne parlerons ici que de la carpe grillée, de la carpe frite, de la carpe au bleu et de la carpe en matelote.

Carpe grillée. — Après l'avoir vidée et écaillée, on l'enveloppe d'un papier beurré ou huilé et on la met sur le gril. On la sert telle quelle ou bien avec une purée d'oseille qui en corrige la fadeur.

Carpe frite. — Écaillez, videz, faites une incision sur le dos et aplatissez le poisson en pressant sur la grosse arête. Saupoudrez de farine, mettez dans la friture et servez après avoir arrosé de jus de citron.

Carpe au bleu. — Pour cette préparation, il suffit de se rappeler ce que nous avons dit à l'occasion du brochet.

On procède exactement de la même manière.

Carpe en matelote. — Une bonne matelote ne se compose pas exclusivement de carpe; on y ajoute d'ordinaire de l'anguille, du brochet, du barbeau et de la tanche; mais enfin, à défaut de ces diverses espèces, il arrive souvent dans les ménages que l'on se contente d'une matelote de carpe qui n'est point à dédaigner. Voici la manière de la préparer : — Écaillez, videz, lavez avec soin le poisson, coupez-le par morceaux, et mettez-le dans une casserole avec du vin, de l'ail, du thym, du laurier, du sel et du poivre. Quand le poisson est à peu près cuit, ajoutez un petit verre d'eau-de-vie, mettez-y le feu; après cela, préparez des boulettes de beurre bien frais maniées dans la farine pour les ajouter à la sauce. Laissez faire quelques bouillons et servez.

Écrevisses. — Nous empruntons au *Dictionnaire de la vie pratique à la ville et à la campagne*, le mode de préparation qui suit : — « On doit, autant que possible, les choisir de couleur verdâtre un peu claire, et rejeter celles qui sont noirâtres. Après les avoir lavées dans plusieurs eaux, on les vide en tirant doucement à droite et à gauche l'écaille du milieu du bout de la queue, et en détachant ainsi un petit boyau noir très-amer qui, s'il n'était pas enlevé, communiquerait un mauvais goût à l'écrevisse. On met dans une casserole un morceau de beurre frais, du persil en branches, du thym, du laurier, un gros oignon émincé, des lames de carottes, du poivre, du sel et une bouteille de vin blanc sec, ou, à défaut de vin blanc, de l'eau et du vinaigre en égale proportion. On fait bouillir à grand feu, et, après un quart d'heure d'ébullition, on jette dans ce court-bouillon les écrevisses parfaitement égouttées. On les laisse cuire ainsi pendant huit ou dix minutes, en les sautant de temps en temps; puis on les retire en les maintenant chaudes jusqu'au moment de les servir, et, après les avoir égouttées, on les dresse en pyramide, les têtes en haut, sur une serviette autour d'un buisson de persil. Il faut avoir le soin de garder le court-bouillon pour réchauffer les écrevisses le lendemain, s'il y a lieu; ce court bouillon réchauffé n'est que meilleur. Si l'on veut réserver les écrevisses pour des garnitures, on les verse, en les retirant du feu, dans une terrine avec leur assaisonnement, pour ne les y prendre qu'au moment de les employer. »

Éperlans. — Les éperlans sont communs au printemps dans la Seine, et on les pêche principalement entre le Havre et Rouen. On les recherche sur les meilleures tables, où on les sert frits et enfilés transversalement dans des brochettes d'argent; mais on pense bien qu'il n'y a pas nécessité absolue de les embrocher ainsi. Les éperlans ont toute la délicatesse des loches, sans compter qu'ils ont sur celles-ci l'avantage du volume. On donne aussi le nom d'éperlans à des ablettes; il importe de ne pas les confondre.

Goujons. — Le goujon est un délicieux petit poisson, très-connu, très-répandu, et dont on fait une consommation énorme. Autrefois, c'était la friture populaire des Parisiens; aujourd'hui c'est presque une friture de luxe dans la banlieue de Paris, car les goujons deviennent rares et ne répondent plus au chiffre des consommateurs. —

Les goujons ne se mangent que frits. On les écaille, on les vide, on les essuie avec un linge sec, on les saupoudre de farine et on les jette dans la friture bouillante.

Lamproie. — La lamproie est un poisson de mauvaise mine qui ressemble à l'anguille par le corps, mais qui en diffère essentiellement sous d'autres rapports : des rangées de trous ronds occupent les côtés de la gorge ; elle se traîne au fond de l'eau plutôt qu'elle ne nage. — Au moment où elle va frayer dans nos lacs, nos fleuves et nos rivières, elle est grasse, recherchée et réputée bonne ; plus tard, on ne s'en soucie point et on la dit insalubre. Pour notre compte, le gros reproche que nous adressons à la lamproie, c'est de s'attacher aux cadavres comme une ventouse et de les sucer. — Elle est très-commune dans la Loire et à Nantes, où on l'estime tout particulièrement. On la relève avec une sauce où il entre du vin rouge, des raisins secs, des pruneaux et des oignons. Ailleurs, on la dépouille comme l'anguille et on l'apprête de la même manière.

Loche. — La loche est un tout petit poisson, très-répandu et connu en Bourgogne sous le nom de *moutelle*. On ne saurait rien imaginer de plus délicat en friture, surtout lorsqu'on l'a jetée dans du lait aussitôt après sa sortie de la rivière. Avec la loche, il n'y a rien à écailler ; on se contente de presser le ventre avec le pouce pour faire sortir le ver (un intestin) ; on l'essuie, on la saupoudre de farine et on la jette dans la friture bouillante. — La loche est inconnue sur les marchés de Paris. Son nom scientifique est Cobite.

Lotte. — La lotte est un poisson fort délicat, mais assez rare, qui habite le plus ordinairement les eaux claires et froides, où se plaît la truite. Une lotte d'une livre est citée comme très-belle. — La peau de la lotte est très-visqueuse ; il est donc d'usage de la laver dans de l'eau très-chaude, avant de la faire griller ou frire. Les foies de lotte jouissent d'une haute estime.

Perche. — La perche de rivière est nécessairement préférable à celle d'étang. On les distingue aisément l'une de l'autre en ce que la première a les nageoires bien rouges, tandis que l'autre les a brunâtres. La perche est un poisson justement recherché pour sa chair ferme et délicate. On la fait entrer dans la préparation des matelotes, ou bien on la mange seule, cuite au court-bouillon ou grillée.

Saumon. — Le saumon n'est pas un de ces poissons vulgaires qu'on rencontre sur toutes les tables ; il coûte cher et n'en a pas qui veut, même depuis que tant de pisciculteurs en fabriquent par milliers et par millions. La préparation de ce poisson n'est pas difficile. On le vide par l'ouïe, on l'écaille et on le place dans une poissonnière soit avec de l'eau et du sel seulement, soit avec du vin, du thym, une feuille de laurier et divers autres aromates. On le sert sur une serviette et sur un grand plat, ou bien sur une planche quand on n'a pas de plat. On le mange avec une sauce blanche aux câpres. — Le saumon rôti n'est pas à dédaigner non plus ; pour le rôtir, on le barde de lard et on le met à la broche.

Tanche. — La tanche n'est pas un poisson renommé pour sa délicatesse, mais enfin quand on en rencontre d'une belle couleur jaune verdâtre, il ne faut pas les repousser. La tanche qui a vécu dans l'eau courante figure très-bien dans une matelote. — Cuite à petit feu sur le gril et servie avec une sauce piquante, elle est très-présentable. Frite, elle n'est pas à dédaigner non plus.

Truite. — La truite est, après le saumon, le poisson d'eau douce le plus estimé, surtout quand elle est elle-même saumonée et d'une fraîcheur irréprochable. — On la fait cuire au bleu et on la sert froide avec une sauce piquante. On la mange également, soit frite, soit grillée, mais ces deux préparations ne s'appliquent qu'à des sujets d'un petit volume.

Nous en avons fini avec les poissons pêchés en eau douce ; arrivons maintenant aux poissons *de mer* ou d'eau salée.

Barbue. — Poisson qui se rapproche beaucoup du turbot. Les petites barbues grillées sont excellentes, mais il importe de bien nettoyer et de bien huiler le gril avant de les y placer, autrement le poisson y adhérerait et y laisserait de sa substance au moment de le retourner et au moment de le servir.

Crabes. — Les crabes, les crevettes et les homards ne sont pas plus des poissons d'eau de mer que les écrevisses des poissons d'eau douce, mais les cuisiniers n'ont pas la prétention d'être naturalistes. Les crabes sont des crustacés dont la qualité est plus ou moins contestée et qui ne figurent pas habituellement sur les grandes tables. On les fait cuire tout simplement dans de l'eau salée pendant quinze à vingt minutes.

Crevettes. — Entendons-nous d'abord sur la valeur des mots. La crevette de Paris est un *Palemon* qu'on nomme chevrette du côté de la Rochelle, tandis que la chevrette de Paris est ce qu'on appelle le *bouc* dans la Charente-Inférieure. Nous avons affaire ici à la crevette de Paris, qui est un mets délicat et recherché. On les fait cuire dans l'eau bouillante, on les retire, on les laisse égoutter et, après cela, on les saupoudre légèrement de sel et on les saute pour les saler uniformément.

Harengs. — On mange les harengs à l'état frais, à l'état salé et à l'état *saur*, c'est-à-dire conservés au moyen de la fumée.

Harengs frais. — C'est à partir du mois de septembre qu'on les recherche. On commence par les vider, puis on les écaille et on les essuie. Pendant cette préparation, on met le gril sur la braise afin qu'il s'échauffe, et dès qu'il est suffisamment chaud, on y place les harengs et on les retourne plusieurs fois. On les sert d'habitude avec une sauce à la moutarde, dont nous avons indiqué la préparation au chapitre des sauces, p. 20 de ce livre. Les harengs frais *laités* sont plus estimés que les harengs *œuvés*.

Harengs salés. — Dans beaucoup de pays, en Belgique, en Allemagne et même dans le nord de la France, on les mange crus. Quelques personnes prennent la peine de les faire dessaler pendant cinq ou six heures dans du lait allongé d'eau, après quoi elles les essuyent et les mettent mariner avec du vinaigre, des oignons, du poivre en grains, de l'estragon. Au bout de quarante-huit heures elles les retirent de la marinade, les arrosent d'huile d'olives et les servent en hors-d'œuvre. En se rapprochant du midi de la France, on met tout bonnement les harengs salés sur le gril et on les sert sur une salade d'oignons crus.

Harengs saurs ou **fumés**. — Otez la tête, fendez le poisson en deux et passez-le légèrement sur le gril. Quand on prend la précaution, après l'avoir fendu, de le mouiller intérieurement avec de l'huile d'olives et de le griller ensuite, le hareng saur n'en vaut que mieux. On peut le servir dans les campagnes sur une salade d'oignons crus comme le hareng salé.

Homards et Langoustes. — Les plus lourds sont les meilleurs. On les fait cuire dans de l'eau salée pendant une demi-heure au plus. On les retire, on les égoutte, et souvent, pour les lustrer, on les frotte avec de l'huile ou du beurre. Aussitôt servis, ou mieux avant de les servir, on les fend en deux parties dans le sens de la longueur, on ôte la partie molle et les œufs qu'on broye avec de la moutarde, des jaunes d'œufs, du poivre, puis on délaye avec de l'huile d'olives et du vinaigre dans une saucière. Telle est la sauce des homards et des langoustes. On peut aussi les mettre en salade et assaisonner fortement. La moutarde est de rigueur dans cet assaisonnement.

Huitres. — Les huîtres les plus recherchées sont celles de Marennes et d'Ostende; cependant, nous avons des amateurs qui affectionnent tout particulièrement les huîtres blondes du littoral de la Manche qui sont très-savoureuses.

On mange les huîtres fraîches de septembre en avril ; plus tôt et plus tard, elles sont médiocres ou mauvaises. Il faut les ouvrir au moment de servir et les servir avant le potage. Pour manger les huîtres fraîches, on les assaisonne de mignonette et on les arrose de jus de citron. D'autres assaisonnent les huitres avec des échalotes hachées et tournées dans le vinaigre; mais les véritables amateurs n'ont recours à aucun assaisonnement. — Nous ne dirons rien des huîtres que l'on fait cuire pour les mettre en friture et en ragoût. Ce sont là des mets trop exceptionnels.

Limande. — C'est un poisson de convalescent que l'on prépare à la manière des soles et le plus ordinairement en friture.

Maquereau. — Le maquereau est meilleur au printemps qu'en toute autre saison; c'est le moment où il est le moins huileux et le plus facile à digérer. — Nous ne connaissons qu'une bonne manière de le manger, c'est *grillé.* Videz, lavez et essuyez le poisson, puis mettez-le sur un gril huilé et chauffé, retournez-le de façon à le griller uniformément et servez-le sur un morceau de beurre frais pétri avec du persil haché, du sel, du poivre, et arrosé de jus de citron. — Très-souvent, avant de mettre le maquereau sur le gril, on le fend sur toute la longueur du dos et on beurre l'ouverture de beurre frais également manié de persil. Cette pratique culinaire est à recommander.

Merlan. — La première condition pour manger un bon merlan, c'est de se le procurer très-frais. Cette condition remplie, écaillez, videz, lavez et essuyez. Il y a plusieurs manières d'apprêter le merlan, mais le plus habituellement on le fait frire ou on le gratine. La friture du merlan est des plus simples : on le nettoie, on le vide, on le roule sur de la farine et on le met dans la poêle. On le frit soit avec du beurre, soit avec de la graisse, soit avec de l'huile d'olives. On le sert avec du persil frit dans le beurre et avec un citron. Le jus de ce citron relève agréablement la saveur du poisson.

Le merlan au gratin se prépare de la manière suivante : On prend un plat à couvercle pouvant aller sur le feu ; on beurre le fond du plat, on ajoute de la chapelure, c'est-à-dire de la croûte de pain râpée, et on sale. Là-dessus, on place le merlan, on l'arrose de jus de citron, on le beurre, on le saupoudre de chapelure, on le sale, on le poivre, on le mouille avec du bouillon, on recouvre et on charge le couvercle de cendres rouges. Au bout d'une demi-heure de douce cuisson, on enlève le couvercle et on sert le merlan au gratin dans le plat qui a servi à le cuire.

Morue ou **Cabillaud.** — On connaît la morue sous le nom de cabillaud quand elle est fraîche, de morue salée ou verte, de merluche quand elle est tout à la fois séchée et salée, et de stockfisch quand elle a été fumée. Voyons d'abord le cabillaud, ou plutôt la meilleure préparation dont il puisse être l'objet : — Nettoyez et essuyez bien ce poisson, roulez-le, ficelez-le et faites-le cuire à petit feu dans une poissonnière ou dans une grande casserole oblongue avec deux poignées de sel, des rondelles d'oignons et assez d'eau bouillante pour le recouvrir. — Au bout d'une heure au plus, la cuisson est parfaite. Alors on le retire, on le met égoutter, on le déficelle et on le sert avec une sauce blanche aux câpres.

Le *Cabillaud à la hollandaise* se fait cuire de la même manière ; seulement on le sert avec des pommes de terre cuites à l'eau et l'on présente à part une sauce au beurre fondu. Autant que possible, il est à désirer que les pommes de terre servies avec le cabillaud soient fermes en même temps que farineuses. Pour les obtenir telles, on prend des variétés longues qu'on brosse bien, qu'on ne lave pas et qu'on jette dans l'eau bouillante. Mises à cuire dans l'eau froide, vous ne les aurez jamais farineuses.

Morue salée à la hollandaise. — Faites-la dessaler dans l'eau fraîche pendant un jour ou deux, la peau en dessus et changez deux ou trois fois d'eau. Retirez-la, nettoyez-la et mettez-la dans une marmite sur le feu avec de l'eau qui la recouvre bien. Dès qu'elle écume, modérez le feu, empêchez l'ébullition, et au bout d'une demi-heure environ, retirez-la de l'eau, mettez-la à égoutter, coupez-la par morceaux, mettez-la sur le plat, ajoutez-y beaucoup de pommes de terre cuites à l'eau ; puis faites un roux avec du beurre et des oignons et versez-le sur la morue et les pommes de terre.

Moules. — Les meilleures sont les plus lourdes et les mieux fermées. Lavez-les bien à plusieurs eaux, laissez-les égoutter et faites-les cuire dans une casserole avec de l'eau, des rondelles d'oignons, un bouquet de thym et de persil ; activez le feu, faites sauter les moules et aussitôt que les coquilles s'ouvrent, prenez une autre casserole, mettez-y des morceaux de beurre manié de persil haché, versez-y les moules et l'eau de cuisson, chauffez légèrement, salez, poivrez, et au moment de servir, liez la sauce avec des jaunes d'œufs. Voilà ce qu'on nomme des moules à la poulette.

Mulet. — C'est le nom vulgaire qu'on donne parfois au muge sauteur ; et on l'appelle encore *Meuille, Flûte, Mongou, Flavetour.* Ce mulet de mer est un excellent poisson. Les modes de préparation les plus simples consistent à le faire cuire au court-bouillon et à le servir avec une sauce blanche aux câpres ou bien à le griller et à le servir avec une sauce piquante. — Les œufs du mulet de mer sont recherchés par les Provençaux, qui en font une sorte de kaviar.

Plie. — La plie se mange frite comme la limande, ou gratinée comme le merlan, ou bien encore cuite à l'eau de sel et servie avec une sauce au beurre fondu.

Raie. — On distingue les raies en *raies lisses* et *raies bouclées.* Ces dernières ont la peau rugueuse, sont plus petites que les autres et sont plus estimées. La raie trop fraîche ne convient pas à la cuisine; trop vieille, elle ne convient pas davantage, car elle dégage une odeur ammoniacale trop accentuée.

La préparation au beurre noir est la plus usitée ; nous n'en donnerons pas d'autres. Séparez du corps ce qu'on nomme les ailes de ce poisson, ébarbez ces ailes, coupez le corps par morceaux, lavez le tout, mettez dans une casserole avec de l'eau, un verre de vinaigre, des oignons coupés, du sel et du persil en branches. Laissez jeter deux ou trois bouillons, retirez la casserole du feu, couvrez d'un linge et au bout de 15 à 20 minutes, retirez les morceaux de raie, égouttez-les. Puis, faites roussir du beurre dans une poêle jusqu'à ce qu'il brunisse, mettez-y à frire du persil en branches jusqu'à ce qu'il ne crie plus et versez le tout sur la raie. Après cela, rincez la poêle avec deux ou trois cuillerées de vinaigre et dès qu'il sera chaud, versez-le sur le poisson, non sur le persil.

Rouget. — Le rouget de la Méditerranée ne se vide pas plus que la bécasse. On se contente de retirer le foie et de le mettre à part ; après cela on écaille, on essuie, on mouille le poisson avec de l'huile d'olives et on le met sur le gril pour le cuire à feu doux. On le sert sur du beurre manié de persil et avec lequel on a broyé le foie.

Sole. — C'est un poisson justement recherché et dont on consomme d'énormes quantités. On prépare la sole en friture, au gratin et à la normande.

Sole frite. — Nettoyez, videz, saupoudrez de farine, mettez dans la friture, égouttez après la cuisson et servez-la très-chaude avec du persil frit dans le beurre et un citron.

Sole au gratin. — Nettoyez le poisson ; mettez dans un plat sur un feu doux un bon morceau de beurre frais, du persil et de l'échalote hachés, du sel, du poivre ; placez la sole par-dessus et ajoutez sur le poisson de petits morceaux de beurre maniés de farine. Couvrez le plat et faites cuire doucement. Au bout de 10 minutes au plus retournez la sole et saupoudrez de chapelure. Quand la sole sera bien cuite et la sauce suffisamment réduite, vous servirez.

Sole à la normande. — Nettoyez le poisson et faites-le cuire avec des morceaux de beurre, de l'oignon haché, des branches de persil, un peu de thym, du sel, du poivre et une demi-bouteille de vin blanc. Quand elle est à moitié cuite d'un côté, retournez-la de l'autre. Lorsqu'elle est à peu près cuite, retirez-la, mettez-la sur un plat doucement chauffé et préparez la sauce. A cet effet, ôtez le thym et le persil de l'eau de cuisson et ajoutez à celle-ci du bouillon et des jaunes d'œufs, deux ou trois, garnissez la sole de champignons passés dans le beurre, versez la sauce sur tout cela après l'avoir fait convenablement réduire et achevez la cuisson sur un feu doux.

Nous passons le turbot sous silence, parce que sa préparation exige des soins et une habileté tout à fait incompatibles avec la cuisine de la ferme.

IX

DES ENTREMETS ET DE LA PATISSERIE.

Beignets. — Les beignets sont les bienvenus sur toutes les tables. Pour le riche, ce sont des friandises ; pour le pauvre, c'est bien aussi un peu cela, cependant dans ce cas, les beignets deviennent plus qu'un entremets ; ils constituent à eux seuls un repas économique tout entier.

Il n'est pas une ménagère qui ne sache comment s'y prendre pour faire des beignets, mais beaucoup ne réussissent qu'à les faire médiocres et de mauvaise mine. Rien de plus facile pourtant que de les avoir excellents. S'agit-il de beignets de pommes, on doit choisir nécessairement des pommes de bonne qualité. On les coupe en rondelles fines que l'on met tremper une heure ou plus dans de l'eau-de-vie avec du sucre et de la cannelle en poudre. On les retire pour les égoutter, après quoi on les plonge dans une pâte claire et on les jette dans la friture. Quelques personnes se contentent de les rouler dans la farine avant de les faire frire, mais ce procédé est inférieur au précédent.

L'essentiel est d'employer une friture convenable. Si elle est trop chaude, les beignets brunissent et la pâte est brûlée avant que les rondelles de pommes soient suffisamment cuites. Il importe donc que la friture ne soit pas trop chaude. Dans cette condition, les pommes cuisent bien et la pâte prend une couleur jaune appétissante. Aussitôt retirés de la friture, on saupoudre les beignets de sucre et on les sert aussi chauds que possible.

Ce que nous venons de dire des beignets de pommes s'applique aux beignets d'abricots, de pêches, de poires, d'oranges, etc. La seule distinction à établir est celle-ci : Au lieu de couper les fruits en rondelles, on les coupe par quartiers.

Charlotte de pommes. — On appelle ainsi une sorte de marmelade moulée et garnie de tranches de pain beurré. A cet effet, prenez des pommes de bonne qualité, coupez-les par tranches, enlevez les pepins et leur enveloppe, puis mettez-les cuire doucement dans une casserole avec un morceau de beurre, un verre d'eau et un morceau de cannelle. Attendez, sans toucher aux pommes, que celles-ci tombent en pâte. Après cela remuez-les avec la moitié de leur poids de sucre et continuez de remuer jusqu'à ce que cette marmelade soit épaissie suffisamment. Lorsque vous en serez là, vous préparerez des tranches de mie de pain, très-minces et peu larges, vous les tremperez dans du beurre fondu et vous en garnirez le fond et la circonférence d'un moule que vous remplirez ensuite avec votre marmelade de pommes et par-dessus laquelle vous mettrez aussi des tranches de pain passées au beurre. Vous placerez le moule ainsi rempli sur un feu doux ; vous l'y laisserez un quart d'heure environ et vous servirez la charlotte de pommes. — La charlotte russe se prépare de la même façon ; seulement, au lieu d'employer des tranches de pain, on se sert de biscuits passés au beurre.

Crèmes. — Prenez du lait en quantité suffisante et faites-le bouillir. Lorsqu'il bouillira, aromatisez-le soit avec une gousse de vanille, soit avec du café, du chocolat, de l'eau de fleur d'oranger, etc., et donnez-lui le temps de se réduire un peu. Pendant que la réduction se fait, et en admettant que vous prépariez une crème pour 7 ou 8 personnes, délayez 7 jaunes d'œufs dans une terrine, mêlez-y à peu près un quart de sucre pulvérisé et un grain de sel ; puis versez doucement dans le mélange le lait réduit en tournant toujours avec une cuillère. Si, après cela, vous tenez à mettre la crème dans des petits pots, remplissez-les et placez ces pots dans une casserole où vous verserez de l'eau jusqu'à ce qu'elle arrive à 1 centimètre 1/2 du bord. Mettez la casserole sur le feu et recouvrez-la de son couvercle et chargez celui-ci de braise mêlée de cendres chaudes. Chauffez pendant trois quarts d'heure ou une heure, de manière pourtant à ce que l'eau ne bouille pas. Quand la crème sera prise, vous la retirerez du bain-marie, la laisserez refroidir et la servirez ensuite.

Dans les ménages ordinaires, il est rare qu'on mette la crème en petits pots, on la verse habituellement dans une casserole qu'on place sur un feu doux et on tourne avec une cuillère en bois, pour empêcher les grumeaux de se former. Dès que la crème s'épaissit et s'attache à la cuillère, on la retire du feu, on lui donne le temps de refroidir, et lorsqu'elle est suffisamment refroidie, on la verse dans des moules ou sur un plat de porcelaine.

Croquettes de riz. — Faites crever du riz sur le feu dans un peu de lait, ajoutez du beurre frais (un peu moins de la moitié du poids du riz), un peu de sucre et un peu de zeste de citron haché. A mesure que le riz cuit et s'épaissit, versez dessus du lait bouillant, par petites quantités à la fois, et tournez. Dès qu'il est cuit, liez avec quelques jaunes d'œufs, retirez du feu, divisez le riz par morceaux du volume de la moitié d'un œuf, donnez à chacun de ces morceaux une forme cylindrique, trempez dans les œufs battus, panez, faites frire et servez.

Pâté de ménage. — Prenez du veau, du bœuf, du porc frais, du gibier, si vous en avez, des abattis de volaille; faites cuire un peu de tout cela dans une casserole avec du bouillon, deux ou trois oignons, du sel, du poivre, un bouquet garni, et au bout de trois quarts d'heure de cuisson, liez avec du beurre manié de farine; puis versez dans une terrine dont vous aurez garni le fond et la circonférence avec de la pâte à dresser de l'épaisseur d'une pièce de cent sous, recouvrez de pâte et mettez au four.

Pets de nonne. — Mettez dans une casserole 125 grammes de beurre pour un demi-litre d'eau, 50 ou 60 grammes de sucre, un peu d'écorce de citron râpée, un peu de sel, et faites chauffer. Quand l'ébullition commence, prenez de la farine d'une main et saupoudrez tandis que de l'autre main vous tournerez avec une cuillère, et continuez de saupoudrer et de tourner jusqu'à ce que la pâte devienne épaisse. Lorsqu'elle ne collera plus aux doigts, ce sera preuve d'une cuisson suffisante. Retirez alors du feu; laissez refroidir, cassez un œuf, mêlez-le à cette pâte, cassez-en un second, puis un troisième et ainsi de suite jusqu'à la demi-douzaine ; à chaque fois, continuez de bien mêler, et vous arriverez ainsi à avoir une pâte douce qui vous servira pour faire les pets de nonne, qui ne sont autre chose que des beignets soufflés. — Avec l'écumoire, on prend de cette pâte le volume d'une noix, on la met dans la friture où elle cuit rapidement en se gonflant. A mesure que la pâtisserie cuit on en ajoute de nouvelle.

Pommes aux confitures. — Pelez, parez et enlevez les pepins de vos pommes; faites-les cuire dans une casserole avec du beurre frais, un peu d'eau et de sucre, et lorsqu'elles sont cuites, servez-les avec de la gelée de groseille.

Ronds de pommes aux saucisses. — C'est un mets sucré très-affectionné dans le Nord. Coupez vos pommes en rondelles, sans les peler, ôtez les pepins. Après cela, mettez du beurre dans la poêle, faites y cuire de petites saucisses, retirez-les aussitôt cuites et dans leur jus, faites frire les ronds de pommes. A mesure que vous les retirez de la poêle, sucrez bien et servez avec les saucisses par-dessus.

Tartes. — Préparez votre pâte avec farine, œufs et eau, et disposez-la pour recevoir les fruits. Saupoudrez de sucre le fond de votre pâte et mettez-y ou des quartiers d'abricots ou des quartiers de pommes, de poires, etc , que vous roulerez un à un dans le sucre.

Mettez dans un four qui ne soit pas trop chaud et faites cuire pendant trois quarts d'heure ou une heure. Dans nos campagnes, on ajoute un peu de cannelle aux tartes de pommes et de poires, et on les recouvre d'une pâte mince avant d'enfourner.

En Angleterre, en Belgique et dans le nord de la France, on fait beaucoup de tartes aux groseilles vertes à maquereau et à la rhubarbe. On procède exactement pour celles-ci comme pour les précédentes; au lieu d'abricots, de pommes ou de poires, on met des groseilles ou de la rhubarbe coupée par petits dés. Ce sont là d'excellentes pâtisseries, la tarte à la rhubarbe surtout, et nous ne comprenons pas que celle-ci soit si peu connue en France. — On emploie à cet effet les queues de la feuille qu'on pèle, qu'on coupe et qu'on blanchit une minute à l'eau bouillante.

X

DES FRUITS ET DES VINS.

Dans ce chapitre, nous n'entendons parler que des fruits frais ou n'ayant subi aucune préparation pour se conserver. Nous les passerons successivement en revue dans l'ordre alphabétique.

Abricots. — Dans le Nord, les abricots d'espalier sont plus sucrés et meilleurs par conséquent que ceux de plein vent; mais à mesure qu'on se rapproche des climats chauds, les abricots de plein vent sont toujours meilleurs que ceux élevés au mur. Ces derniers deviennent cotonneux et fades. Les abricots doivent être servis bien mûrs; on reconnait la maturité parfaite à leur belle couleur jaune, plus ou moins vive selon les variétés. Les abricots figurent dans les desserts à partir de la fin de juin et pendant les mois de juillet et d'août. Tous ceux que nous cultivons sont en général de bonne qualité; les plus gros sont les plus recherchés.

Amandes. — On ne sert sur les tables que des amandes douces, et parmi celles-ci on préfère les amandes à coque tendre et demi-tendre. On n'attend pas toujours qu'elles soient parfaitement mûres pour les consommer; dès que l'amande est formée et avant que le brou s'ouvre, on en cueille pour la vente. C'est ce qu'on appelle l'amande verte, et c'est surtout dans cet état qu'on l'aime. Pour avoir des amandes sèches, on attend que le brou s'entr'ouvre et alors on les gaule ou bien on les cueille à la main et on les expose au soleil.

Les meilleures amandes douces sont l'amande des dames ou à la dame, connue en Provence sous le nom d'abeilan ; l'amande Princesse ou Sultane, l'amande double de Marseille et l'amande à fruits recourbés.

Cormes. — C'est le fruit du sorbier domestique, fruit très-petit et en forme de poire, qu'on recherche en beaucoup d'endroits et qu'on ne mange qu'à l'état blet. Les cormes sont d'une délicatesse dont n'approchent certainement pas les nèfles.

Fraises. — Les fraises sont recherchées par leur saveur exquise et aussi à cause de la propriété qu'on leur attribue de soulager les goutteux. La première entre toutes les fraises est sans contredit celle des bois ; vient ensuite celle des quatre saisons qui n'est après tout qu'une variété très-rapprochée du type. Parmi les grosses fraises, les plus recommandables sont, à notre avis, les suivantes : la Reine, Elyza (de Myatt), Belle Bordelaise, Victoria (Trollopp), Marguerite, la Châlonnaise, Carolina Superba, Sir Harry, Excellente, Éclipse et Héricart de Thury.

Framboises. — Toutes les framboises sont bonnes ; celle des bois est même plus savoureuse que celle des jardins, mais comme elle est d'un moindre volume, on ne la recherche pas pour les desserts. Ce qu'on veut, avec les framboises, c'est le volume. Pour ce qui est de la couleur, on ne s'y attache guère ; on fait autant de cas des jaunes que des rouges. On se procure des framboises jusqu'aux gelées, grâce à la variété remontante qu'on rencontre dans la plupart des jardins.

Groseilles. — Nous avons deux espèces de groseilles : la groseille à maquereau et la groseille à grappes. La première est moins cultivée que la seconde parce que son emploi est plus restreint. La groseille à maquereau, à l'état vert, sert dans quelques contrées à relever la saveur du poisson de mer dont elle porte le nom, ou bien encore, toujours à l'état vert, on en fait des tartes agréablement acidulées qu'on recherche beaucoup dans le nord de la France, en Belgique et en Angleterre. A mesure qu'on se rapproche du Midi, on attend qu'elle soit mûre pour la manger ; celle à peau lisse est plus estimée que celle à peau velue. — La groseille à grappes, rouge ou blanche, est un excellent fruit de dessert quand, bien entendu, on lui associe une suffisante quantité de sucre. On en fait aussi des tartes très-agréables. — Sur une table bien servie, on veut des groseilles à gros fruits, la *versaillaise* par exemple, mais on remarquera que, pour la qualité, elles sont inférieures à la groseille à grappes commune.

Nèfles. — Les fruits du néflier ne sont pas à dédaigner et figurent très-bien dans un dessert. On attend les premières gelées pour les cueillir et on ne les sert que lorsqu'ils sont blets, c'est-à-dire tout à fait ramollis par la fermentation qui leur communique une saveur vineuse justement appréciée.

Noisettes. — Les noisettes font partie de tous les desserts, soit vertes, soit sèches. Les meilleures sont les avelines ou grosses noisettes rondes.

Noix. — On mange les noix sous trois états différents : en cerneaux, c'est-à-dire avant qu'elles soient mûres ; fraîches, c'est-à-dire dès qu'on peut les dépouiller de leur brou et enfin, sèches. — Les cerneaux sont servis dans de l'eau salée et vinaigrée.

Les noix les plus recherchées sont celles qui ont la coquille très-mince. Quand on veut conserver des noix fraîches pendant longtemps, on les met dans un vase de terre vernissé que l'on emplit bien et que l'on bouche avec un couvercle en planches. Après cela, on enfouit le vase en question dans un terrain sec.

Avec les noix toutes jeunes, à peine formées, on prépare sous le nom de brou de noix, une liqueur de ménage à laquelle on attribue des propriétés hygiéniques.

Pêches. — Les pêches jouissent d'une réputation éclatante entre tous les fruits. Les plus recommandables dans le rayon de Paris sont, par ordre de maturité : la Grosse-Mignonne hâtive, la Grosse-Mignonne ordinaire, la Belle-Bausse, la Pucelle-de-Malines, la Galande appelée aussi Bellegarde ou Grosse-Noire de Montreuil, la Madeleine de Courson ou Madeleine rouge, la pêche de Malte ou Belle-de-Paris et la Bonouvrier.

Les pêches de second ordre sont : la Petite-Mignonne, la Belle-de-Vitry, la Reine-des-Vergers, le Teton-de-Vénus et la Bourdine.

Les pêches passent généralement pour être indigestes ; cependant nous savons des hygiénistes qui soutiennent le contraire. Elles sont, disent-ils, faciles à digérer quand on les mange à jeun, mais quand l'estomac est rempli, elles peuvent troubler la digestion, et alors on a raison de leur associer du sucre et du vin.

Les compotes de pêches ne sont pas à dédaigner.

Poires. — Les poires sont les fruits de dessert par excellence, à ce point qu'on en présente sur les tables d'apparat, uniquement pour les orner. Ainsi une pyramide de Belles-Angevines est d'un effet merveilleux à cause du volume exceptionnel de ce fruit. On ne le mange pas cru, et cuit, il est très-médiocre. — Ce qu'on veut avant tout, ce sont des poires qui soient à la fois grosses et bonnes, mais grosses d'abord afin de séduire le public. Or, les fruits qui réunissent ces deux conditions sont : le Beurré-William, la Duchesse, le Beurré d'Amanlis, le Beurré-Diel, le Doyenné d'hiver, le Beurré d'Aspremont, le Beurré Clairgeau et le Triomphe-de-Jodoigne. Le Saint-Germain, le Beurré gris, la Bergamotte-Crassane, la Louise-Bonne d'Avranches, le Beurré d'Arenberg, l'Epargne, le Bon-Chrétien d'hiver, ont eu l'heureuse chance de faire leur réputation à une époque où la qualité passait avant le volume. Cette réputation s'est maintenue et il faut s'en féliciter. Si elle était à refaire, on reprocherait peut-être à ces délicieuses poires de n'être pas assez volumineuses.

Ajoutons à cette liste de fruits de vente d'autres fruits gros, moyens ou petits qui sont dignes de figurer sur nos tables de famille et qui valent bien les fruits de restaurants. Ce sont le Beurré-Six, la Fondante des bois, la Bergamotte-Espéren, le Soldat-Laboureur, le Beurré-Giffard, le Citron-des-Carmes, le Rousselet-de-Reims, Marie-Louise, la Joséphine-de-Malines, le Passe-Colmar, le Doyen-Dillen, la Poire de Curé dans les terrains secs et les climats chauds et la Poire-Durondeau ou de Tongres.

Avec les Catillac, le Martin-Sec, le Certeau d'automne, le Bon-Chrétien d'hiver, on prépare d'excellentes compotes de poires. A cet effet, on pèle les fruits sans endommager la queue, on les fait cuire par quartiers avec un peu d'eau, et à moitié de la cuisson, on ajoute du vin rouge pour couvrir les poires, puis du sucre. Quand elles sont cuites, on sert dans les compotiers.

Pommes. — On demande aux pommes une bonne mine, un fort volume et de la qualité. Le Calville blanc est le fruit qui réunit ces trois conditions. La Reinette du Canada et la grosse Reinette grise réunissent la qualité au volume ; la petite pomme d'Api, le double Api et la pomme d'Ille du Midi sont de bonne garde et charment les yeux. — En Bourgogne on trouve une pomme d'un volume moyen, colorée parfois du côté du soleil et de qualité tout à fait supérieure. On la nomme Reinette de Bourgogne, Reinette franche, Reinette à côtes, Reinette de Cusy.

Avec les pommes fraiches, on prépare de bonnes compotes. Pour cela, on les coupe par quartiers, on les pèle, on les débarrasse de leurs pepins, on les fait cuire dans un sirop de sucre et on les aromatise soit avec un reste de citron, soit avec de la cannelle.

On en fait aussi une marmelade en les mettant cuire avec du sucre, un reste de citron ou de la cannelle.

Prunes. — Les meilleures prunes à manger fraiches sont, par ordre alphabétique : Coe's golden drop (fin septembre), Damas violet (fin août), prune des Béjonnières (commencement d'août), prune de Montfort (mi-août), Drap-d'or-d'Espéren (fin août), Jaune hâtive (mi-juillet), Jaune tardive (fin septembre), Jefferson (août-septembre), Kirke (septembre), Petite-Mirabelle (mi-août), Grosse-Mirabelle (août-septembre), Mirabelle tardive (octobre), Monsieur hâtif (juillet-août), Monsieur jaune (mi-août), Perdrigon rouge (août-septembre), Précoce de Tours ou Madeleine (fin juillet), Reine-Claude (août). — Cette dernière prune est la plus recherchée partout.

Avec les prunes fraiches, on fait d'excellentes tartes et aussi une marmelade que l'on sucre à volonté.

Raisins. — Un grand nombre de variétés de raisins sont dignes de figurer sur les meilleures tables, et nous en savons de petits que les connaisseurs sérieux préféreraient certainement aux grosses grappes. Mais ici, il n'y a point à discuter ; les raisins que l'on recherche tout particulièrement sont le Chasselas et le Frankenthal.

Les Vins.

Le bon choix des vins est la chose essentielle dans un repas, quel qu'il soit ; les vins douteux gâtent le meilleur dîner, les vins bien choisis relèvent en quelque sorte un dîner manqué.

Quand on reçoit des amis ou des clients, il est toujours de mauvais goût de varier beaucoup le service des vins. Il faut s'en tenir à trois ou quatre, cinq au plus, qui sont : l'ordinaire, un grand vin rouge de Bourgogne ou de Bordeaux, un vin blanc d'excellent cru et un champagne distingué. Nous ne comptons ni le Madère qu'on sert après le potage, ni les vins liquoreux qu'on peut offrir au dessert.

C'est sur le vin ordinaire que doit se porter surtout l'attention du maître de la maison. Il n'est pas toujours facile de l'avoir de bonne qualité ; cependant, nous avons en France quantités de petits vins inconnus qui, dans les années favorables, feraient de bons ordinaires. Si nous ne les connaissons pas, c'est un peu la faute des producteurs qui ne se donnent pas la peine de leur chercher des débouchés au delà d'une circonscription étroite.

Les ordinaires rouges des riches sont : les vins de Mâcon, de Chassagne, de Mercurey, de l'Auxerrois, de Beaugency, de Médoc, de Langlade, etc. Les ordinaires blancs sont : le Châblis et quelques vins de la Côte-d'Or et de Saône-et-Loire, qui n'ont pas de nom dans le commerce, mais qui n'en sont pas moins agréables.

Les grands vins rouges de Bourgogne sont nombreux, et nous citerons entre autres le Volnay, le Pomard, le Beaune, le Vergelesse, le Corton, la Romanée-Conti, le Clos-Vougeot, le Musigny et le Chambertin.

Les grands vins rouges de Bordeaux sont nombreux aussi, et nous nous contenterons de signaler Château-Lafitte, Château-Margaux, Château-Latour, Saint-Julien, Léoville et Laroze.

Les grands vins blancs sont les premiers crus de Châblis, le Meursault, le Montrachet, le Grave, le Sauterne et les vins du Rhin.

On nous permettra de ne pas nous arrêter davantage à ces vins de luxe qui ne figurent qu'accidentellement sur les tables dont nous nous occupons ici, et où d'ordinaire on n'établit pas de distinctions savantes entre un premier et un second service.

XI

DE DIVERSES CONSERVES.

Conserves simples de légumes. — Commençons par les pommes de terre. Toutes les fois qu'on peut s'en procurer de bonne qualité, il faut faire sa provision dès le mois d'octobre et la mettre dans une cave bien aérée, en ayant soin d'établir des jours dans le tas. Des fagots de bois sec, de la paille de colza ou de navette, sont excellents dans l'occasion. On en met un lit sur la terre à l'endroit où l'on se propose d'entasser les tubercules ; on en met contre les murs de la cave, pour que les tubercules en question ne portent pas immédiatement contre la pierre ; on en met entre les pommes de terre, tous les 50 ou 60 centimètres, à mesure qu'on élève le tas. De cette façon, on est sûr que l'air circulera dans la conserve, qu'elle ne s'échauffera pas, que les germes ne partiront pas trop tôt et que les pommes de terre se maintiendront pendant tout l'hiver avec leurs bonnes qualités. — Lorsque la gelée menacera, on bouchera les ouvertures de la cave avec du foin, mais aussitôt que la température se détendra ou s'adoucira, on aura soin de déboucher les ouvertures et de donner de l'air.

Pour ce qui est des conserves de carotte, on se gardera bien de les jeter pêle-mêle en un tas, attendu qu'on pourrait en perdre beaucoup par la pourriture ; on les empilera comme du bois de corde, de manière à laisser des vides et à favoriser par conséquent le renouvellement de l'air.

Les oignons seront placés au grenier sur un lit de paille, les uns à côté des autres ; les aulx seront mis en paquets ou en chaînes et suspendus aux poutres du grenier.

Les courges seront conservées en lieu parfaitement sec. Sur les rayons d'une cuisine elles se maintiennent bien ; elles pourrissent promptement dans une cave ; au grenier, elles sont très-sujettes à geler.

Voyons maintenant les conserves de choux : — Le procédé le plus simple consiste en ceci : on arrache les choux pommés dans les premier jours de novembre et on les débarrasse de leurs premières feuilles ; ensuite on ouvre une rigole, on y place les pieds transversalement de façon à tourner la tête du côté du nord ; on ouvre une seconde rigole, on jette la terre dans la première pour recouvrir les racines de la rangée de choux et ainsi de suite.

« On conserve encore les choux, lisons-nous dans le livre *Les Choux*, en les plaçant en plein air sur un lit de fagots, la tête en bas, et on les masque avec un peu de paille, que l'on renouvelle et que l'on met en plus grande quantité pendant les grands froids.

« On les conserve aussi dans les terrains secs et en pente, rien qu'en couvrant une fosse, dans laquelle on les place la tête en bas ; et l'on recouvre de terre sur une épaisseur de 15 à 20 centimètres. Par ce dernier procédé, on ne conserve pas toujours les choux blancs comme on le voudrait, mais les choux rouges se maintiennent en bon état. »

Pour conserver les choux-fleurs tardifs, on choisit un cellier un peu enterré ou une cave peu profonde, où l'on puisse renouveler l'air au moyen de deux fenêtres en regard l'une de l'autre. Chaque clou est destiné à recevoir un chou-fleur. — Vers la fin de novembre et par une journée sèche, on prend les plus belles pommes de choux-fleurs durs que l'on coupe avec un bout de tige de 10 à 17 centimètres de longueur. On enlève toutes les feuilles de la tige; on rogne à 8 ou 10 centimètres celles qui entourent la pomme, puis on attache des ficelles au trognon et on pend les choux aux clous, la tête en bas.

Les choux-fleurs, ainsi conservés se flétrissent un peu et diminuent nécessairement de volume, mais il est aisé de les ramener à leur volume primitif. Lorsqu'on veut les vendre ou les consommer, on coupe le bout du trognon, on fait des ouvertures dans ce bout de tige avec la pointe d'un couteau, puis on les plonge dans l'eau fraîche, en ayant soin de ne pas mouiller la pomme.

Conserves par la soustraction de l'air. — C'est en chassant l'air par une pression énergique et en tenant la conserve sous l'eau qu'on obtient la choucroute, dont la consommation tend chaque année à s'étendre, même en allant vers le Midi. Rien n'est plus facile que la préparation de la choucroute.

— C'est en soustrayant les œufs à l'action de l'air qu'on les conserve aisément pendant l'hiver. Il suffit pour cela de les mettre dans de l'eau de chaux ou de les enfouir dans du son ou dans des cendres.

— C'est en empêchant l'air de passer qu'on garde des feuilles d'oseille et de pourpier. Pour cela, on les épluche, on les lave, on les égoutte, on les passe dans un linge, on les fait cuire à petit feu dans un chaudron où l'on a mis un bon morceau de beurre, on les sale, et aussitôt qu'elles sont cuites, on les retire du feu, on les laisse refroidir, on les presse dans des pots et on coule par-dessus du beurre fondu ou de la graisse.

— Dans le Nord, on conserve des haricots verts ou des haricots en grains tendres par un procédé à peu près semblable au précédent. On découpe, par exemple, les longues et larges gousses du haricot sabre en fines lanières, on les blanchit à l'eau bouillante, on les égoutte bien, on les place couche par couche dans des pots vernissés extérieurement; on saupoudre de sel chaque couche de haricots, et on coule par-dessus du beurre ou de la graisse.

— C'est par le procédé d'Appert qui consiste, lui aussi, à chasser l'air, que l'on conserve en bouteilles des pois verts, des haricots verts et toutes sortes de légumes. On prend, à cet effet, des bouteilles solides et à large goulot; on les remplit de pois écossés au moment d'opérer, c'est-à-dire très-frais, ou bien de petits haricots verts fraîchement cueillis et essuyés avec un linge. Quand les bouteilles sont pleines jusqu'à la moitié du col, on les bouche le mieux possible, on les ficelle fortement, on les enveloppe avec du long foin ou bien encore on les place chacune dans un sac de toile, et après cela, on les met debout dans un chaudron garni de foin au fond et sur les côtés. On remplit le chaudron d'eau jusqu'à la bague des bouteilles, après quoi on chauffe doucement et graduellement jusqu'à l'ébullition. On laisse bouillir un quart d'heure; on retire le chaudron du feu et on n'en sort les bouteilles que lorsque l'eau est tout à fait refroidie. Il ne reste plus, après cela, qu'à goudronner les bouteilles et à les coucher dans la cave ou le cellier.

Quelques personnes ont l'habitude de blanchir leurs pois et leurs haricots pendant une minute dans l'eau bouillante, et de les égoutter, avant de les mettre en bouteilles selon la méthode d'Appert. Cette précaution est tout à fait inutile.

Conserves au sel. — Au moyen du sel de cuisine, on conserve très-bien les viandes, et c'est à ce moyen que l'on a recours pour prolonger la durée de certains poissons, comme le hareng et la morue, pour faire des provisions de chair de porc, de bœuf, de mouton, d'oie, de canard, etc. — La salaison du porc intéresse tout particulièrement nos ménagères, et nous devons en dire quelques mots. Le sel employé à l'excès, altère la qualité des conserves, tandis qu'employé en quantité insuffisante, il les expose à gâter. En ce qui concerne la viande de porc, il faut proportionner la quantité de sel à la durée du temps pendant lequel la viande restera au saloir. En beaucoup d'endroits, et notamment dans les contrées où il est d'usage de fumer le porc après l'avoir mis au sel pendant trois semaines environ, on emploie tout au plus de ce sel le quinzième du poids de la viande qu'on veut conserver ; mais lorsque la salaison n'est pas suivie de la fumaison et que le lard doit rester huit ou dix mois au saloir, on emploie le dixième ou le huitième du poids en sel. Voici ce que nous lisons dans les *Conseils à la jeune fermière :* — « On prend un saloir dont la contenance doit être de 1 hectolitre par 150 kilogrammes ; on étend 1 litre gros sel blanc au fond de ce saloir, puis, après que l'on a frappé énergiquement tous les morceaux de la bête avec la main pleine de sel, on commence par mettre les quartiers de lard gras au fond du saloir, et de manière à les serrer si bien qu'il reste très-peu de vide. On recouvre de sel ; puis, sur ce premier lit, on en place un second, toujours de lard gras, que l'on presse de son mieux. On sale encore par-dessus, et ainsi de suite. Après le lard gras viennent les jambons et les morceaux maigres de la bête. On les presse comme précédemment, et l'on recouvre de sel. Comme il est d'usage de manger la tête et les pieds frais, on les met rarement au saloir ; cependant, dans le cas contraire, on les placerait au-dessus.

« Le maigre du porc se trouve convenablement salé au bout d'un mois ou six semaines. Dans le cas donc où l'on ne voudrait pas le retirer de suite, il conviendrait de le faire dessaler avant de s'en servir.

« Lorsque les chaleurs de l'été deviennent fortes ; il est à craindre que la décomposition de certaines parties de la conserve ne gâtent la saumure, et il devient prudent de retirer le lard du saloir et de le pendre par quartiers dans un lieu sec, c'est-à-dire, le plus ordinairement aux poutres de la cuisine. »

Les personnes qui tiennent à donner au lard une couleur rosée appêtissante, ont soin d'ajouter au sel une petite quantité de salpêtre.

— Pour la salaison du bœuf on emploie 12 à 15 kilogrammes de sel, pour 100 kilogrammes de viande, et l'on frotte énergiquement les morceaux, attendu que le bœuf ne prend pas facilement le sel. On presse les morceaux salés dans des futailles et l'on arrose le tout avec de la saumure.

Conserves par la fumée. — Toute viande destinée à la fumaison, demande à être salée légèrement d'abord : le quinzième en sel du poids de la bête suffit et il n'est pas nécessaire de tenir les morceaux au saloir plus de trois semaines. Au bout de ce temps on les retire donc, on les pend en un lieu chaud et sec pour qu'ils se ressuient, et après cela, on les place dans la cheminée. Dans tous nos villages la fumaison des jambons est chose facile du moment où l'on brûle du bois à foyer ouvert. On accroche ces jambons à 2 ou 3 mètres de hauteur dans la cheminée, après les avoir enveloppés de papier, et encore, quantité de ménagères ne prennent pas cette précaution qui a pour but d'empêcher la suie de se déposer sur le jambon. Au bout de quinze jours à trois semaines, on descend un peu les jambons, autrement dit on les rapproche un peu du foyer; au bout de six semaines ou deux mois, on peut les livrer à la consommation.

Conserves au vinaigre. — Le vinaigre jouit de la propriété de conserver les produits végétaux et l'on s'en sert pour préparer toute sorte de condiments. Nous avons dit, page 37 de ce livre, comment on prépare les conserves de choux rouges; nous n'avons donc pas à y revenir. Disons seulement ici qu'on fait avec le vinaigre des conserves où se trouvent en mélange des petits pois, des haricots verts, des petits oignons blancs, des carottes toutes jeunes, du maïs laiteux, des morceaux de choux-fleurs, des graines de capucines, des boutons de genêts, etc., etc. — La conserve la plus commune et la plus recherchée, est celle des cornichons. Prenez des cornichons de moyenne grosseur, essuyez-les avec un linge, faites-en un lit dans une terrine; saupoudrez-le de sel ; faites un second lit, salez de nouveau ; faites un troisième lit, et ainsi de suite. Lorsque les concombres auront séjourné de douze à vingt-quatre heures dans la terrine, égouttez-les, mettez-les ensuite dans un bocal avec des poivrons verts, quelques fruits rouge de piment, quelques rameaux de perce-pierres, deux ou trois gousses d'ail et de l'estragon, et versez sur tout cela du bon vinaigre de vin blanc en quantité suffisante pour recouvrir les cornichons. Au bout de dix ou quinze jours, vous pourrez les livrer à la consommation.

Par le procédé que nous venons de décrire, les cornichons ont une couleur olivâtre, mais ils conservent leurs meilleures qualités. Pour notre compte, nous les préférons aux cornichons d'un vert foncé. Dans le cas cependant où l'on voudrait les avoir de cette couleur qui les rend plus appétissants et plus marchands, il suffit de verser sur la conserve, au moment où les cornichons sont dans le bocal, du vinaigre chauffé dans un chaudron.

Une autre conserve qui tend à se répandre et qui est d'origine allemande, c'est celle des betteraves à salade préparées avec le vinaigre et servies à titre de condiment comme les cornichons. Rien n'est plus facile que de préparer cette conserve : — On fait cuire dans l'eau les betteraves à salade d'une belle couleur rouge, et lorsqu'elles sont à moitié cuites, on les retire, on les égoutte, on les coupe par rondelles minces, on les met dans un bocal et on les couvre de vinaigre. Au bout de trois ou quatre jours, elles en sont suffisamment imprégnées pour être servies sur les meilleures tables. Cette conserve ne doit pas avoir plus de huit jours; il importe donc de la renouveler souvent.

Conserves de fruits. — Les procédés de conservation qui s'appliquent aux fruits sont de diverses sortes, et ceux que nous préférons par-dessus tout sont les procédés qui nous conservent les fruits le plus longtemps possible dans leur état de nature. Ainsi, pour avoir des groseilles à grappes à une époque avancée de la saison, nous recommandons d'empailler les groseilliers au moment où les grappes sont à moitié mûres, en ayant soin, bien entendu, de laisser passer l'extrémité des branches de l'arbuste au-dessus de l'empaillage ; autrement il périrait ou souffrirait beaucoup. Les groseilles ainsi soustraites à l'action de l'air et de la lumière, mûrissent lentement et se conservent très-bien aux branches.

Pour conserver les raisins frais au delà de l'époque habituelle des vendanges, il est d'usage d'envelopper les grappes d'un sac de papier ou d'un sac de crins au moment où la maturation commence à se produire. On est sûr par ce moyen d'avoir des raisins bien frais et bien mûrs dans le mois de novembre. Les cultivateurs spéciaux ne se contentent pas de ce procédé, et pour conserver leurs raisins le plus longtemps possible, ils ont recours à d'autres moyens.

Des amateurs ont eu recours à un procédé de conservation qui consiste à mettre les raisins dans des tiroirs de commode que l'on ferme soigneusement et sur lesquels on colle des bandes de papier pour soustraire le mieux possible la conserve aux influences de l'air. Ici, on ne s'astreint à aucune visite ; quand on ouvre un tiroir, c'est pour manger les grappes de raisins qui s'y trouvent.

Pour conserver les poires et les pommes qui ont une grande importance dans nos desserts, nous n'avons que le fruitier. Dans les campagnes, on a la mauvaise habitude de cueillir tous ces fruits en même temps (quand il s'agit de fruits d'hiver) et de les empiler au grenier en attendant la vente. Il vaudrait mieux les entre-cueillir, afin d'échelonner les époques de maturité. Les premiers cueillis sont ceux qui se conservent le plus longtemps, les derniers cueillis, ceux qui se conservent le moins, parce que la maturation a commencé sur l'arbre et qu'elle ne s'arrête plus. Dans la cueillette des fruits, on n'apporte pas assez de soins; à mesure qu'on les détache des rameaux, on les jette dans un sac passé autour du corps du cueilleur, de façon que bon nombre de pommes et de poires sont plus ou moins meurtries et deviennent plus sujettes à la pourriture que si elles ne l'avaient pas été. Quand le cueilleur a sa charge, il descend l'échelle et vide son sac dans des paniers ou des mannes, sans y mettre beaucoup de précaution. Quand les paniers et les mannes sont pleins, on les monte au grenier et on les verse brutalement sur le plancher pour en former un tas. Il vaudrait mieux les porter dans un lieu sec et frais, dans une grange par exemple, les verser doucement ou plutôt retirer les fruits un à un pour en former des tas. Dans cette condition, les fruits se ressuient lentement, perdent un peu de leur eau de végétation et, au bout de trois semaines environ, rien n'empêche de les mettre au fruitier sur des rayons de bois sec, ou bien encore de les placer comme le conseillait monsieur de Dombale, dans des caisses basses et évasées du haut, s'emboîtant les unes dans les autres et se recouvrant réciproquement.

Le meilleur fruitier dans nos campagnes, c'est une chambre obscure, fraîche et sèche ; à défaut de cette pièce, la cave est encore préférable au grenier.

Par ces moyens, on arrive à conserver des poires jusqu'en février, mars et même avril , et des pommes jusqu'en juin et même juillet.

Lorsqu'on exige une durée plus considérable ou lorsqu'on a affaire à des fruits de mauvaise garde, tels que les fraises, les abricots, les pêches, les cerises, etc., il faut nécessairement recourir à d'autres procédés, qui donnent de bons résultats, sans doute, mais qui dénaturent singulièrement les fruits. Ainsi, par exemple, au moyen de la chaleur, nous pouvons conserver des pommes, des poires, des pêches et des cerises, mais il y a loin des fruits secs aux fruits frais. Au moyen du sucre, nous conservons des fraises, des abricots, des prunes, des pêches, des poires, des coings, des groseilles, des cerises et des pommes sous le nom de confitures, gelées, marmelades et raisinés.

Enfin, au moyen de l'eau-de-vie et d'un sirop, nous conservons des cerises, des prunes, des petites oranges, des grains de verjus, etc.

Nous allons vous décrire rapidement quelques-unes des préparations que nous venons de signaler en quelques lignes, et nous commencerons par le raisiné qui est certainement la moins connue de toutes et qu'il est impossible d'apprécier à sa juste valeur d'après ce qu'on nous vend sous ce nom au marché de Paris.

Raisiné. — Au moment où l'on fabrique le vin blanc, prenez-en une vingtaine de litres au goulot du pressoir, c'est-à-dire à l'état de vin doux ; versez-le dans un chaudron en cuivre et faites-le chauffer doucement sur un feu bien entretenu. A mesure qu'il chauffe, enlevez l'écume qui se forme. Il ne faut pas moins de dix heures pour faire cette confiture. Quand le vin en ébullition est bien dépouillé de son écume, on y met environ 8 ou 9 litres de poires et de coings pelés, coupés par petits quartiers et débarrassés de leurs pepins ainsi que de l'enveloppe écailleuse de ces pepins et des parties pierreuses qui peuvent se trouver et se trouvent fréquemment dans l'intérieur des fruits. Les poires recherchées pour cette opération sont les Messire Jean, le Martin sec et la petite Cuissedame, désignée par les pomologues sons le nom de Certeau d'automne. L'essentiel est de laisser cuire ces fruits dans le moût de raisin sans les remuer et de gouverner le feu doucement de façon à ne point brûler la confiture. Une heure ou deux avant de retirer le raisiné du feu, on y met, pour la quantité que nous avons désignée, de 3 à 4 livres de beau sucre blanc. Après avoir retiré le raisiné du feu, et alors qu'il est encore chaud, on le met dans des pots en porcelaine ou en faïence que l'on place dans une pièce fraîche. On les laisse découverts pendant deux ou trois jours, puis on place à la surface des confitures, des rondelles de papier imbibé de bonne eau-de-vie. Il ne reste plus, après cela, qu'à couvrir les pots avec du fort papier ou du parchemin.

Confitures de fraises. — Choisissez de belles et bonnes fraises, épluchez-les, blanchissez-les dans l'eau bouillante par un seul bouillon, égouttez-les sur un tamis, puis faites un sirop avec 400 grammes de sucre pour 500 grammes de fraises. Quand votre sirop est suffisamment cuit, mettez-y les fraises, laissez faire un ou deux bouillons, versez le tout dans des pots, laissez bien refroidir et après cela ajoutez de bonne eau-de-vie.

Confitures de poires. — Prenez des poires fondantes et sucrées, et, de préférence à toutes, la poire d'Angleterre. Pelez ces poires, coupez-les par morceaux, ôtez les pepins et jetez les quartiers dans l'eau fraîche, où vous aurez d'abord exprimé le jus d'un citron. Lorsque toutes vos poires ont été coupées ainsi par quartiers, retirez-les de l'eau, faites-les égoutter, pesez-les et mettez-les dans un vase avec du sucre dans la proportion de 700 grammes, environ, pour 1 kilogramme de poires. Tournez le tout et, au bout d'une demi-journée de macération, versez poires et sirop dans une bassine ou un chaudron, faites cuire doucement; ajoutez un peu de vanille, tournez pour que la confiture ne s'attache pas à la bassine, et, au bout de trois quarts d'heure ou une heure d'ébullition, quand les poires sont bien cuites, mettez la confiture en pot.

Gelée de coings. — C'est une des meilleures gelées que nous connaissions et des plus faciles à faire. Prenez des coings parfaitement mûrs, frottez-les avec un linge pour en ôter le duvet, coupez-les par quartiers sans prendre la peine de les peler, retirez les pepins et la partie dure qui les entoure, jetez-les au fur et à mesure dans de l'eau fraîche. Après cela, retirez les quartiers de l'eau, mettez-les égoutter, jetez-les dans une bassine avec de l'eau en quantité suffisante pour qu'ils y baignent, mettez la bassine sur le feu, couvrez-la et faites en dessous un feu vif. Quand les coings seront cuits, versez le tout sur un tamis, ne pressez pas le fruit, laissez-le égoutter librement. Après cela, pesez le jus qui aura passé dans un tamis et que vous aurez recueilli dans un vase, ajoutez-y du sucre poids pour poids, c'est-à-dire un demi-kilogramme de sucre pour un demi-kilogramme de jus, faites chauffer, laissez faire quelques bouillons, écumez, et au bout d'un quart d'heure au plus, quand vous verrez la gelée se prendre autour de l'écumoire, elle sera suffisamment cuite et vous n'aurez plus qu'à la mettre en pot.

Gelée de pommes. — Cette gelée se prépare exactement comme celle de coings, avec cette différence pourtant qu'en mettant les quartiers dans l'eau pour les faire cuire, on y ajoute le jus d'un ou de deux citrons.

Gelée de groseilles. — Prenez la groseille à grappes rouge et blanche, mais plus de la rouge que de la blanche, égrenez avec une fourchette dans une bassine, versez-y un verre d'eau et mettez sur le feu. Quand les baies chauffées commenceront à s'ouvrir, jetez-les sur un tamis, placé sur une terrine, pressez-les avec les mains, exprimez-en le jus, pesez celui-ci et ajoutez-y le même poids de sucre en morceaux. Chauffez ce jus et dès qu'il aura fait un bouillon, écumez, retirez du feu et mettez en pots. C'est ainsi que l'on obtient une belle et bonne gelée transparente qui conserve bien la saveur de la groseille. On peut donner un goût de framboise à cette gelée en y ajoutant après l'avoir écumée le sixième environ de jus de framboise sucré, poids pour poids.

Cerises à l'eau-de-vie. — Choisissez des cerises de bonne qualité et suffisamment mûres ; coupez à chacune d'elle une partie de la queue, jetez-les dans l'eau fraîche et, au bout d'une demi-heure, retirez-les, laissez-les égoutter et essuyez-les avec un linge doux. Après cela, pesez vos cerises, afin de savoir combien vous aurez à mettre de sucre pour faire votre sirop. Il en faut deux cents grammes pour chaque kilogramme de fruits. Quand votre sirop sera bien cuit, vous y mettrez les cerises et laisserez faire deux bouillons avant de retirer du feu. Quand elles seront refroidies, vous mettrez les cerises dans un bocal, vous verserez le sirop par-dessus et ajouterez 2 litres environs de bonne eau-de-vie pour chaque kilogramme de fruits. Vous remuerez le mélange, puis vous boucherez le bocal.

Prunes à l'eau-de-vie. — Prenez de belles reines-claudes qui ne soient pas complétement mûres, percez-les avec une aiguille jusqu'au noyau et mettez-les à mesure dans l'eau fraîche. Quand vous aurez fini l'opération, vous les retirerez de l'eau, les essuierez avec un linge et les mettrez sur le feu, dans une bassine qui contiendra un sirop de sucre léger et bouillant. A mesure que les prunes monteront à la surface du sirop, vous les y enfoncerez avec l'écumoire jusqu'à ce qu'elles ne remontent plus. Quand les fruits commenceront à céder sous le doigt, vous les sortirez un à un et les placerez sur un tamis où ils égoutteront. Pendant ce temps-là, vous continuerez de chauffer le sirop et de le réduire, et en même temps qu'il se réduira, vous placerez les prunes dans une terrine on un vase quelconque et vous verserez dessus le sirop arrivé à une consistance convenable. Au bout de vingt-quatre heures, vous retirerez les prunes de la terrine et les disposerez dans un bocal ; vous ajouterez 3 parties d'esprit-de-vin à 22° au sirop refroidi et vous verserez la liqueur sur les prunes, puis vous boucherez ; on compte que, pour faire une centaine de prunes à l'eau-de-vie, il faut faire le sirop avec 4 kilogrammes de sucre et environ 3 litres d'eau.

Quelquefois, pour préparer les prunes à l'eau-de-vie, on se contente de les blanchir à l'eau bouillante, de les en retirer pour les jeter dans l'eau froide, de les retirer ensuite de l'eau froide pour les égoutter, les mettre dans le bocal et remplir celui-ci avec du sirop et de l'eau-de-vie à 22°, chacun par moitié.

XII

DU SERVICE DE LA TABLE.

Dans nos fermes on est souvent embarrassé pour le service de la table, ce qui revient à dire qu'on ne sait pas toujours bien dans quel ordre les mets doivent être présentés. Dans nos habitudes françaises, nous comptons un premier service, composé du potage, de deux entrées au plus, de un ou deux relevés; un second service, composé de rôtis qui remplacent les relevés, et d'entremets qui remplacent les entrées; puis vient le dessert qui constitue un troisième service, quand il n'a pas été mis sur la table en même temps que le couvert et les hors-d'œuvre froids qui sont les radis, sardines, tranches de saucisson, etc. — Par entrées, on entend des mets ordinairement chauds qu'on sert avec le potage, comme petits pâtés, croquettes de volaille, fricassée de poulet, poule au riz, etc. — Par relevés, on entend les pièces de consistance qui précèdent les rôtis et qui comprennent par exemple le turbot, le saumon au bleu, l'alose grillée, le bar, la dinde en daube, l'entre-côte à la casserole, le bœuf à la mode, les pâtés chauds. — Par rôtis, on entend nécessairement les pièces principales mises à la broche, aussi bien les viandes blanches que les viandes noires, aussi bien les pièces de boucherie que le gibier et la volaille. Cependant le gibier a le pas sur les autres rôtis. — Par entremets, sucrés ou non sucrés, servis en même temps que le rôti, nous entendons les légumes, les pâtisseries légères et les crèmes. — Pour ce qui est du dessert, toute explication serait superflue. Nous nous contenterons de dire que le fromage doit circuler d'abord ; viennent ensuite les fruits et les compotes, puis les petits gâteaux et en dernier lieu, les sucreries. — Nous n'avons pas besoin d'ajouter que le café est de rigueur.

Le savoir-vivre a ses lois, et le service de la table, même dans nos campagnes, ne saurait y échapper. Ainsi, les dames doivent toujours êtres servies les premières en commençant par celle qui se trouve à la droite du maître de la maison et continuant par celle de gauche. — Le maître de la maison n'exprimera jamais sa manière de voir sur les mérites ou les défauts des mets qui paraîtront sur la table ; il se gardera bien d'offrir une seconde fois un mets refusé d'abord ; il n'insistera jamais pour faire accepter ceci plutôt que cela. Il importe que chaque convive se sente parfaitement libre.

Autrefois, dans nos campagnes, jamais diner copieux ne se terminait sans chansons ; aujourd'hui, en pareil cas, la chanson n'est plus autorisée par le code du savoir-vivre, si ce n'est dans les repas de noces, et encore fait-il pour cela des difficultés. Il ne faut pas s'en plaindre ; pour un chanteur que l'on entendait avec plaisir, il y en avait bel et bien qui n'étaient pas amusants.

FIN

TABLE DES MATIÈRES

IV

LÉGUMES PAR ORDRE ALPHABÉTIQUE.

V

VIANDE DE BOUCHERIE ET DE CHARCUTERIE.

VIANDE DE BŒUF ET DE VACHE.

VIANDE DE VEAU.

VIII

POISSONS.

IX

DES ENTREMETS ET DE LA PATISSERIE.

X

DES FRUITS ET VINS.

XI

DES DIVERSES CONSERVES.

XII

PARIS. — IMP. SIMON RAÇON ET COMP., RUE D'ERFURTH, 1.

CATALOGUE

DE LA

LIBRAIRIE AGRICOLE

DE

LA MAISON RUSTIQUE

RUE JACOB, 26, A PARIS

PAR ORDRE DE MATIÈRES ET NOMS D'AUTEURS

AOUT 1867

CE CATALOGUE ANNULE LES CATALOGUES PRÉCÉDENTS

DÉSIGNATION DU CATALOGUE

AVIS IMPORTANT

Toute commande de livres publiés à Paris, si elle est faite par un abonné du *Journal d'agriculture pratique*, de la *Revue horticole* ou de la *Gazette du Village*, et accompagnée du prix de ces livres en un mandat sur Paris, ou, ce qui est plus sûr, en un bon de poste dont on garde la souche, qui sert de quittance, est expédiée sur tous les points de la *France*, de l'*Algérie*, de l'*Italie*, de la *Belgique* et de la *Suisse*, *franco*, au prix marqué dans les catalogues, c'est-à-dire au même prix qu'à Paris.

Les commandes de plus de 50 francs, faites dans les mêmes conditions, sont expédiées *franco* et sous déduction d'une *remise de dix pour cent.*

Quel que soit le chiffre de la commande, la remise est toujours de *dix pour cent* pour les abonnés, lorsque, au lieu d'expédier par la poste les ouvrages demandés, la *Librairie agricole* les livre au comptant à Paris.

Le catalogue de la *Librairie agricole* est expédié *franco* à toute personne qui en fait la demande *franco*.

On ne reçoit que les lettres affranchies.

MAISON RUSTIQUE DU XIXE SIÈCLE

CINQ VOLUMES GRAND IN-8 A DEUX COLONNES

ÉQUIVALANT A 25 VOLUMES IN-8 ORDINAIRES, AVEC 2,500 GRAVURES

REPRÉSENTANT

LES INSTRUMENTS, MACHINES, ANIMAUX, ARBRES, PLANTES, SERRES
BATIMENTS RURAUX, ETC.

PUBLIÉS SOUS LA DIRECTION DE

MM. BAILLY, BIXIO ET MALPEYRE

TABLE DES PRINCIPAUX CHAPITRES DE L'OUVRAGE

TOME Ier. — AGRICULTURE PROPREMENT DITE

Climat. Sol et sous-sol. Amendements. Engrais Défrichement. Desséchement.	Labours. Ensemencements. Arrosements. Irrigations. Récoltes. Clôtures.	Conservation des récoltes. Voies de communication. Céréales. Légumineuses.	Plantes-racines. Plantes fourragères. Maladies des végétaux. Animaux et insectes nuisibles.

TOME II. — CULTURES INDUSTRIELLES, ANIMAUX DOMESTIQUES

Plantes oléagineuses. Plantes textiles. — économiques. — potagères. — médicinales. — aromatiques. — tinctoriales.	Houblon. Mûrier. Arbres olivier. — noyer. — de bordures. — de vergers. Animaux domestiques.	Pharmacie vétérinaire. Maladies des animaux. Anatomie. Physiologie. Elevage et engraissement.	Cheval, âne, mulet. Races bovines. Races ovines. Races porcines. Basse-cour. Lapin, pigeon. Chiens.

TOME III. — ARTS AGRICOLES

Lait, beurre, fromage. Incubation artificielle. Conservation des viandes.	Laine. Vers à soie. Abeilles. Vins, eaux-de-vie. Cidres, vinaigres. Sucre de betterave.	Lin, chanvre. Fécule. Huiles. Charbon, tourbe. Potasse, soude.	Résines. Meunerie. Boulangerie. Sels. Chaux, cendres.

TOME IV. — FORÊTS, ÉTANGS; ADMINISTRATION; CONSTRUCTION

Pépinières. Arbres forestiers. Culture des forêts. Exploitation. Abatage. Estimation. — Pêche, Etangs.	Empoissonnement. Législation rurale. Droits de propriété. Bail, Cheptel. Biens communaux. Police rurale. Aménagement. Plantation.	Administration. Choix d'un domaine. Estimation. Acquisition. Location. Améliorations. Capital. Personnel.	Constructions. Attelages. Mobilier. Bétail, engrais. Systèmes de culture. Ventes et achats. Comptabilité.

TOME V. — HORTICULTURE

Terrain, engrais. Outils, paillassons. Couches, bâches. Terres. Orangerie.	Semis-greffes. Pépinières. Taille. Arbres à fruits. Légumes.	Jardin fruitier. — fleuriste. — potager. Culture forcée. Fleurs.	Plans de jardins. Calendrier du jardinier. — du forestier. — du magnanier.

Prix des 5 volumes (**ouvrage complet**). . . . . **39 fr. 50**
Chaque volume pris séparément. . . . . **9 fr. »**

Il n'y a pas d'agriculteur éclairé, pas de propriétaire qui ne consulte assidûment la *Maison rustique du dix-neuvième siècle*; ce livre, expression la plus complète de la science agricole pour notre époque, peut former à lui seul la bibliothèque du cultivateur. 2,500 gravures réparties dans le texte parlent aux yeux et donnent aux descriptions une grande clarté.

AGRICULTURE — ÉCONOMIE RURALE

ALLIOT.

Maladies des végétaux (Origine des) et des animaux herbivores, moyens de les prévenir par le drainage, par Alliot, 92 p. in-8. 1 50

ALMANACH.

Almanach du Cultivateur, par les Rédacteurs de *la Maison rustique*. 192 pages in-18 et 85 gravures. . . . . » 50

Une nouvelle édition de cet almanach est publiée chaque année.

ANNALES.

Annales de l'Institut agronomique de Versailles. 1 vol. in-4 de 418 pages avec 4 planches 3 50

BARRAL et DE CÉRIS.

Bon Fermier (Le), par Barral, et pour les nouveautés, par de Céris. Aide-mémoire du Cultivateur; 1 volume in-12 de 1,495 pages et 100 gravures. . . . . 7 »

Ouvrage contenant : le calendrier détaillé — le tableau des foires de chaque département — des tables usuelles pour la détermination du poids du bétail et pour les principaux besoins de l'agriculture — les travaux agricoles de chaque mois pour toutes les parties de la France — les distilleries — féculeries — brasseries et autres industries annexées aux exploitations rurales — la mécanique agricole complète, avec description et gravure des meilleurs instruments aratoires, machines, etc.

Une nouvelle édition du *Bon Fermier* est publiée tous les ans, avec addition des nouveautés, par M. de Céris.

BERTIN.

Statistique des subsistances (De la), par A. Bertin. 1 vol. in-12 de 96 pages. . . . . » 50

BODIN.

Agriculture (Éléments d'), par Bodin. 4ᵉ édition. 1 vol. in-18 de 360 pages. 1 75

BONNIER.

Statistique agricole et industrielle de l'arrondissement de Valenciennes, par Bonnier, juge de paix, président du Comice agricole de Condé. 1 vol. in-8 de 178 pages. 3 50

Cet ouvrage a été couronné par la Société impériale et centrale d'agriculture de France.

BORIE (Victor).

Agriculture au coin du feu, par Victor Borie. 1 vol in-12 de 290 pages.. . . . . 3 »

Agriculture et liberté, par V. Borie, membre de la Société impériale et centrale d'agriculture de France. 1 vol. in-8 de 189 pages. . . 4 »

Animaux de la ferme, par V. Borie (voir p. 17). L'Espèce bovine forme 20 livraisons renfermant chacune 2 ou 3 aquarelles et 16 pages de texte, gr. in-4°, édition de luxe. Prix des 20 livraisons . . 80 »
Le même ouvrage cartonné. . . . . 85 »
Le même ouvrage richement relié. . . . . 100 »

Calendrier agricole (LES DOUZE MOIS), par V. Borie. 1 vol. in-8 à 2 colonnes de 380 pages et 95 gravures. 3 50

Gazette du village, fondée par V. Borie, voir page 30.

Jeudis de M. Dulaurier (Les), cours élémentaire d'agriculture, par V. Borie. 2 vol. in-18 de chacun 144 pages et 62 gravures. . . 1 50
Le même ouvrage cartonné. . . . . 2 »

Travaux des champs, par V. Borie (Bibl. du Cultiv.), 188 pages et 121 grav. 1 25

BORTIER.

Dessèchement des Moëres, par Cobergher, en 1622. Notice par Bortier. 8 p. in-8, portrait de Cobergher et carte des Moëres. 1 »

BOST.

Table décennale du Correspondant des justices de paix et des tribunaux de simple police, par Bost. 1 vol. in-8 de 184 pages. . . . . 4 »

BRETON.

Crédit agricole en France, par Breton. 100 pages in-8. . 1 »

Défrichement (Manuel théorique et pratique du), par Breton. 1 vol. in-8 de 400 pages. . . . . 4 »

Grains (Moyens infaillibles de prévenir la pénurie des) et leur cherté excessive en France, par Breton. In-8 de 32 pages. » 50

Assistance publique (L') et la bienfaisance au dix-neuvième siècle, par F. Breton. 1 vol. in-8 de 160 pages. 2 50

BUJAULT (Jacques).

OEuvres de Jacques Bujault. 3e édition. 1 vol. in-8 de 540 pages et 33 gravures. . . . . 6 »

CANCALON.

Histoire de l'agriculture, par Cancalon. 1 volume in-8 de 474 pages. . . . . 6 »

CARPENTIER.

Enseignement agricole (Entretien sur l') en France, par Carpentier. 1 brochure. . . . . » 40

CRISES, etc.

Crises agricoles (Les) dans l'abondance et la pénurie des grains; moyens infaillibles de les prévenir, par l'ancien rapporteur de la Commission du Crédit agricole au Congrès central d'agriculture dans la session de 1847; 1 brochure in-18 de 40 p. 3e édit. . . . . . . » 50

Dezeimeris.

Conseils aux agriculteurs sur l'art d'exploiter le sol avec profit, par Dezeimeris, ancien député. 3e édit. 1 vol. in-12 de 654 pag. 3 50

Dombasle (de).

Agriculture (Traité d'), par Mathieu de Dombasle. 5 vol.. 30 »

Annales de Roville, par Mathieu de Dombasle. 9 vol. in-8. 61 50

Calendrier du Bon Cultivateur, par Mathieu de Dombasle. 10e édition. 1 vol. in-12 de 872 pages et 5 planches. 4 75

Écoles d'arts et métiers, par Mathieu de Dombasle. 1 brochure in-18 de 106 pages. 1 »

Économie politique et agricole, par Math. de Dombasle. 1 vol. in-18 de 194 pages. 1 50

Doyère.

Alucite des céréales, ses ravages et moyens de les faire cesser, par Doyère. 110 pages in-4, gravures et 3 planches. 3 50

Ensilage, par Doyère, professeur d'histoire naturelle à l'École centrale des arts et manufactures. In-8 de 48 pages. . . . . » 75

Dralet.

Taupier (Art du), par Dralet. 16e édition. In-12 de 66 pag. 1 »

Dreuille (de).

Métayage (Du) et des moyens de le remplacer, par le vicomte de Dreuille. 1 vol. in-18 de 104 pages. . . . . 1 »

Dugué.

Comptabilité agricole (Notions pratiques de), par Dugué. 1 brochure in-8 de 32 pages. 1 25

Durand-Lainé (A).

Grammaire agricole, Cours d'agriculture professé à l'école de Voreppe (Isère), par A. Durand-Lainé. 1 vol. in-18 de 432 pages.. 2 50

Durrieux.

Monographie du paysan du département du Gers, par Alcée Durrieux. 1 vol. in-18 de 260 pages. 3 50

Enquête.

Agriculture française (Enquête sur l'), par une réunion de députés. 1 vol. in-8 de 244 pages. 2 50

Erath.

Houblon, par Erath, traduit par Nicklès. (Bibl. du Cultiv.), 136 pages et 22 gravures. 1 25

Estancelin.

Enquête (L') et la Crise agricole, lettre à M. le Ministre de l'agriculture ; par Estancelin. 1 brochure in-8 de 32 pages. . . . . 1 »

FALLOUX (Comte de).

Dix ans d'agriculture. Br. in-8, 47 pages. . . . . 1 »

FLAXLAND.

Enquête agricole (Quelques considérations relatives à l'), dans les départements frontières du Nord-Est, par Flaxland. . . 1 »

FRILET.

Igname de la Chine (Notice sur la pomme de terre et l'), par Frilet. In-8 de 24 pages. . . . . » 50

GASPARIN (DE).

Agriculture (Cours d'), par de Gasparin, membre de l'Académie des sciences, ancien ministre de l'agriculture. 6 vol. in-8 et 233 gr. . 39 50

Fermage (estimation, plan d'amélioration, baux), par de Gasparin, membre de l'Institut, ancien ministre de l'agriculture (Bibl. du Cultiv.), 3e édit. 216 pages. 1 25

Métayage (contrat, effets, améliorations), par de Gasparin (Bibl. du Cult.). 2e édit. 166 pages. 1 25

Safran (Culture du), par de Gasparin. . . . . » 75

GAUCHERON.

Économie agricole (Cours d') et de culture usuelle, par Gaucheron. 2 vol. in-18. . . . . 2 50

GIRARDIN (J.).

Agriculture (Mélanges d'), par Girardin. 2 vol. in-12. . . 10 »

GOURCY (DE).

Voyage agricole en France, Allemagne, Hongrie, Bohême et Belgique, par le comte de Gourcy, 1 vol. in-12 de 432 pages. . . . 3 50

GOUX (J.-B.).

Le sorcier, légende du chantier rural. In-18, 70 pages. . . . 1 »

GROUSSEAU (DE).

Comices (Manuel des), par de Grousseau, 1 brochure in-32 de 50 pages. . . . . » 15

GUILLON.

Agriculture provençale (Essai d'un traité d'), par Guillon 2 vol. in-18, ensemble de 300 pages. . . . . 5 »

Agriculture provençale (Vade mecum de l'); par Guillon. 1 vol. in-18, de 136 pages. . . . . 2 »

Catéchisme de l'agriculteur provençal; par Guillon. 1 vol. in-18 de 52 pages. 1 »

Gustave D.

Hanneton. Ses ravages, moyen de le détruire; par Gustave D. 1 brochure in-8 de 16 pages. . . . . » 75

HEUZÉ.

Assolements et systèmes de culture; par Heuzé. 1 vol. in-8 de 536 pages avec nombreuses gravures sur bois. . . . . . . 9 »

Pavot (Culture du); par Heuzé. 1 vol. in-18 de 44 pages. . » 75

Plantes fourragères: par Heuzé, 3e édition. 1 vol. in-8 de 582 p. avec 42 vignettes sur bois et 20 gravures coloriées. . . . . . 10 »

Plantes industrielles; par Heuzé. 2 vol. in-8 de 890 pages, avec des vignettes sur bois et 20 gravures coloriées. . . . . 18 »

JAMET.

Agriculture (Cours d') et chaulages de la Mayenne. 2e édition, par Jamet, président du comice de Craon, ancien représentant. 400 pages in-12 . . . . 3 50

JOIGNEAUX.

Causeries sur l'agriculture et l'horticulture; par P. Joigneaux. 1 vol. in-18 de 405 pages. 3 50

Champs et Prés (Les), par Joigneaux (Bibl. du Cultiv.). 140 pages. 1 25

Choux. Culture et emploi, par Joigneaux (Bibl. du Cultiv.). 1 vol. in-18 de 180 pages et 14 gravures. 1 25

JOUBERT.

Comptabilité agricole (Agenda de); par Joubert In-4. 5 »

Sologne (Agriculture de la); par Ch. Joubert et Isaac Chevalier, cultivateurs. 1 vol. in-8 de 300 pages. . . . . 4 »

KAINDLER.

Coton en Algérie (Culture du); par Adolphe Kaindler. Une brochure in-18. . . . . 1 »

LARTET.

Colline de Sansan. Récapitulation des espèces d'animaux vertébrés fossiles trouvés à Sansan; par Lartet. 48 p. in-8 et 1 planche. 1 25

LATERRADE.

Grêle (Moyens d'en combattre les effets); par Laterrade. 1 brochure in-8 de 64 pages. 1 25

LAURENÇON.

Traité d'agriculture élémentaire et pratique à l'usage des écoles primaires, par C. Laurençon. 2 vol. in-18 avec nombreuses gravures. 1 50

Chaque volume séparé. 75

LAVELEYE.

Économie rurale (Essai sur l') de la Belgique; par Émile de Laveleye. 1 vol. in-18 de 304 pages. 3 50

LAVERGNE.

Agriculture des terrains pauvres; par Lavergne, ancien représentant du peuple. 1 vol in-18 de 200 pages . . . . 3 »

LAVERGNE (DE).

Agriculture (L') et l'Enquête; par M. L. de Lavergne, brochure de 48 pages . . . . 1 »

Agriculture et Population; par L. de Lavergne, membre de l'Institut. 1 vol. in-8 de 412 pages 3 50

Économie rurale de la France depuis 1789; par L. de Lavergne, membre de l'Institut. 1 vol. in-12 de 490 pages . . . 3 50

Économie rurale (Essai sur l') de l'Angleterre, de l'Écosse et de l'Irlande; par L. de Lavergne. 3e édit. 1 vol. in-12 . . . . . . 3 50

LECOQ.

Plantes fourragères (Traité des); par Henri Lecoq. 2e édition. 1 vol. in-8 de 518 pages et 40 gravures 7 50

LECOUTEUX (E.).

Agriculture (L') et les élections de 1863. 64 p. in-8. 2 »

Blé (La Question du); par Ed. Lecouteux. Br. de 32 pages. 1 »

Culture améliorante (Principes de la); par E. Lecouteux, ancien directeur des cultures à l'Institut agronomique de Versailles. 3e édition. 1 vol. in-12 de 400 pages 3 50

Culture (Traité des entreprises de grande), ou principes d'économie rurale; par E. Lecouteux. 2 vol. in-8, formant ensemble 1,136 pages . . . . 15 »

LEFOUR.

Comptabilité et géométrie agricoles, par Lefour (Bibl. du Cultiv.). 214 p. et 104 grav. 1 25

Culture générale et instruments aratoires, par Lefour (Bibl. du Cultiv.) 1 vol. in-18 de 160 pages et 132 gravures 1 25

Problèmes agricoles (300); par Lefour. 1 brochure in-18 de 36 pages . . . . » 50

LÉOUZON.

Enseignement agricole (Réforme de l'); par Louis Léouzon, 1 brochure in-8 de 28 pages . . . . 1 »

LEPLAY.

Sorgho sucré (Culture du) comme plante industrielle et comme plante fourragère; par H. Leplay. 36 pages in-8 . . . . . . 1 »

LIEBIG (DE).

Lettres sur l'agriculture moderne, par le baron Justus de Liebig, traduites par le docteur Théodore Swarts. 1 volume in-18 de 244 pages 3 50

LOUVEL.

Grains (Conservation des) au moyen du vide, par le docteur Louvel. . . . . » 75

LULLIN DE CHATEAUVIEUX.

Voyages agronomiques en France; par Lullin de Chateauvieux. 2 vol. in-8, formant ensemble 1031 pages. . . . . 10 »

LURIEU (DE).

Colonies agricoles (Études sur les) de mendiants, jeunes détenus, orphelins et enfants trouvés de Hollande, Suisse, Belgique, France; par de Lurieu et Romand, inspecteurs généraux des établissements de bienfaisance. 1 vol. in-8 de 462 pages. 7 50

MACHARD.

Prairies artificielles (Essai sur les) : Luzerne, Trèfle ordinaire, Trèfle printanier, et Sainfoin ou Esparcette; par Machard. In-18. 1 »

MAGNIER.

Avenir de l'agriculture par l'enseignement agricole; par Magnier. 1 brochure. . . . . » 40

MARTINELLI.

Comices (Appel aux); par J. Martinelli. 52 pages in-8. . . » 50

MARTRES.

Agriculture (L') du département des Landes devant l'enquête, et son amélioration par la culture de la vigne et du pin; par Léon Martres. In-12 de 100 pages et table. . . . . » 75

MASURE.

Leçons élémentaires d'agriculture à l'usage des agriculteurs praticiens et destinées à l'enseignement agricole dans les écoles spéciales d'agriculture, dans les écoles normales primaires et dans les écoles communales.

Première partie : Les plantes de grande culture, leur organisation et leur alimentation. 1 vol. in-18 de 330 p. et 32 grav. 3 50

Deuxième partie (*sous presse*). 3 50

MÉHEUST (P.).

Économie rurale de la Bretagne; par P. Méheust. 1 vol. in-18 de 220 pages. 2 50

Économie rurale (Leçons publiques d'); par Méheust. 1 vol. in-18 de 68 pages. . . . . 1 »

MESNIL-MARIGNY (DU).

Céréales et la douane (Les); par du Mesnil-Marigny, 1 vol. in-18 de 260 pages. . . . . 3 »

MOLL.

Inondations (Moyens de réparer les ravages des); par Moll, professeur d'agriculture au Conservatoire. 40 pages in-4. » 50

Papier.

Tabacs en Algérie (Question des); par Papier. In-8 de 88 pages. . . . . 2 »

Paté (J.-B.).

Mes revers et mes succès en agriculture. 1 volume in-8 de 120 pages. . . . . 2 »

Petit-Laffitte.

Tabac (Culture du); par Petit-Laffitte. 104 pages in-12. . . 2 »

Rancy (Edmond de Granges de).

Comptabilité agricole (Traité de); par Éd. de Rancy, 2e édition. 1 vol. in-8 de 296 pages. . . . . 6 »

Registres.

Registres de comptabilité.

La main de 24 feuilles in-folio avec couverture. . . . . . . 2 »
— in-quarto — 1 25

Réunions, etc.

Réunions territoriales, création de chemins d'exploitation. Étude sur le morcellement en Lorraine; par F. P. 48 pages in-8. . . » 75

Rigaut.

Statistique agricole du Canton de Wissembourg; par Rigaut, juge au tribunal de Wissembourg. 392 pages gr. in-4. . 15 »

Cet ouvrage a été couronné par la Société impériale et centrale d'agriculture et par l'Académie nationale agricole de Paris.

Rochussen.

Culture et fécondation artificielles des céréales, système Hooïbrenk; par Rochussen. 1 vol. in-8 de 54 pages, avec 3 planches. 1 50

Rondeau.

Crédit agricole (Projet de); par Rondeau, ancien représentant du peuple. 1 vol. in-18 de 236 pages . . . . 2 »

Royer.

Allemande (L'Agriculture), ses écoles, son organisation, ses mœurs et ses pratiques; par Royer, inspecteur général de l'agriculture. 1 vol. grand in-8 de 542 pages. 7 50

Statistique agricole de la France en 1843; par Royer. 1 vol. in-8 de 304 pages. . . . . 5 »

Saint-Aignan.

Crise agricole (La), prise de loin et vue de haut; par le comte de Saint-Aignan, membre de la Société impériale d'acclimatation. . . . . 1 »

Saintoin-Leroy.

Comptabilité agricole (Cours complet), par Saintoin-Leroy.

1° *Manuel de comptabilité agricole pratique*, en partie simple et en partie double, seconde édition, avec modèle des écritures d'une exploitation rurale pour une année entière. 1 vol. gr. in-8 et tableaux, de 176 p. . . . . 3 »

2° *Comptabilité-matières de l'agriculteur*, Complément du *Manuel de comptabilité agricole pratique*, suivie du *Livre du travail*, et d'une *Méthode abrégée de tenue des livres agricoles en partie simple*. 1 vol. gr. in-8 de 144 pages, avec nombreux tableaux. . . . . 4 »

3° *Comptabilité simplifiée, agricole et commerciale*, mise à la portée de la moyenne et de la petite culture, suivie de la *Comptabilité spéciale des marchands et des artisans*, à l'usage des écoles primaires de garçons et de filles. 1 vol. gr. in-8 et tableaux, de 96 pages. . . . . 2 »

Registres pour la grande et la moyenne culture.

Registre-Mémorial de l'Agriculteur (comptabilité-matières), réunion de tous les tableaux nécessaires à la constatation de tous les faits d'une exploitation rurale. 1 vol. gr. in-4 oblong. 3 »

Livre de caisse (comptabilité-espèces), registre en tableaux. 1 vol. grand in-4° oblong. 3 50

Journal, registre en blanc réglé et folioté. 1 vol. gr. in-4 oblong. 2 50

Grand Livre, registre en blanc réglé et folioté. 1 vol. gr. in-4 oblong. . . 3 »

On peut joindre à ces registres des cahiers quadrillés pour la constatation journalière des travaux de main-d'œuvre, des attelages et de la nourriture du personnel.

1° Cahier quadrillé avec instruction et modèles de tableaux. 1 vol. petit in-4 oblong. . . . . 2 »

2° Cahier simplement quadrillé. 1 vol. petit in-4 oblong. 1 25

Agenda de poche du Cultivateur, petit cahier à joindre à tous les Agendas usuels, de 36 pages, format in-18; prix des dix exemplaires. 1 50

Registres pour la comptabilité simplifiée.

Registre unique du Cultivateur pour l'application de la Comptabilité simplifiée. 1 vol. petit in-4 oblong, de 100 pages. . . . . 2 »

Le même, moins fort, pour les écoles. . . . . » 60

Livre de caisse des Marchands. 1 vol. petit in-4 oblong. . . . . 2 »

Livre de caisse des Artisans. 1 vol. petit in-4 oblong. . . . . 2 »

Chaque volume ou registre se vend séparément.

Schwerz.

Agriculteur commençant (Manuel de l'), par Schwerz, traduit par Villeroy (Bibl. du Cultiv. 5e édit. 332 pages. 1 25

Sers (Louis).

Enquête agricole (L') dans le département des Basses-Pyrénées, en 1866, par Louis Sers. 1 vol. in-8 de 93 pages. 2 50

Stockhardt.

Ferme (La), Guide du jeune Fermier; par Stockhardt. 2 vol. in-18 formant ensemble 616 pages. . . . . 7 »

Thomas (Ernest).

Halles et Marchés en gros (Manuel des), guide de l'approvisionneur de l'acheteur et des employés aux divers services de l'alimentation de Paris. 1 vol. in-18 de 316 pages. . . . . 3 »

VIGNERAL (DE).

Agriculture (Manuel populaire d') à l'usage des cultivateurs d'Argentan; par de Vigneral. 92 pages in-8. . . . . 1 25

VILMORIN.

Sorgho sucré et Igname de Chine; par Vilmorin. 8 p. » 25

YOUNG (Arthur).

Voyages en France pendant les années 1787, 1788, 1789; par Arthur Young, traduit par Lesage. 2 vol. in-18. . 7 »

AMENDEMENTS — ENGRAIS — CHIMIE — PHYSIQUE

BOBIERRE.

Atmosphère (L'), le sol, les engrais, par Bobierre. 1 vol. in-12 de 632 pages. 5 »

Noir animal (Le). Analyse, emploi, vente; par Bobierre (Bibl. du Cultiv.), 156 p. et 7 grav. 1 25

BORTIER.

Coquilles animalisées, leur emploi en agriculture, par Bortier. . . . . 1 »

CARTIER (J.).

Sels alcalins (De l'emploi des) en agriculture, par J. Cartier, ingénieur civil. 1 vol. in-8 de 133 pages. . . . . 2 »

COMPOSTS, etc.

Composts, fumiers, plâtre (Notice sur les), employés comme engrais. . . . . » 50

FOUQUET.

Fumiers de ferme et composts; par Fouquet (Bibl. du Cult.). 2e édit., 176 p. et 19 grav. 1 25

JAUFFRET.

Nouvelle Méthode pour la fabrication économique des engrais; par Pierre J. Jauffret. 1 br. in-8 de 56 p. et 1 p. . 3 »

HEUZÉ.

Fumures (Formules des); par G. Heuzé. 1 brochure in-8 de 12 pages. . . . . 1 »

Matières fertilisantes; par Heuzé. 4e édition. 1 vol. in-8 de 708 pages. . . . . 9 »

LEFOUR.

Sol et engrais, par Lefour (Bibl. du Cultiv.). 180 p. et 50 gr. 1 25

MASURE.

Marne et chaux employées en agriculture (Mémoire sur les avantages comparés), par Masure. 1 brochure in-8 de 108 pages. 1 50

2

Okorski.

Désinfection des villes. Engrais complet dit engrais atmosphérique ; par Okorski. 1 brochure in-8, de 24 pages et 3 tableaux. . . . 1 »

Petit-Laffitte.

Études de terres arables ; par Petit-Laffitte. 1 vol. in-18 de 160 pages. 1 50

Piérard.

Chaux (La), son emploi en agriculture ; par Piérard, ingénieur en chef des mines. 36 pages in-12 . . . . » 75

Pierre.

Chimie agricole, par Isidore Pierre, professeur de chimie à la Faculté de Caen. 4e édition. 1 vol. in-12 de 560 pages et 23 grav. 4 »

Puvis.

Amendements (Traité des), par Puvis. 1 volume in-18 de 440 pages. 3 50

Ronna (A.).

Phosphates de chaux (Fabrication et emploi des) en Angleterre, par A. Ronna, ingénieur. 1 vol. in-18 de 162 pages. . . . . 1 »

Utilisation des eaux d'égout en Angleterre, Londres et Paris, par A. Ronna, ingénieur. 1 vol. in-8 de 132 pages et 5 grandes planches . . . . 6 »

Sacc.

Chimie agricole (Précis élémentaire de), par le docteur Sacc. 2e édition. 1 vol. in-12 de 454 pages et 3 gravures. 3 50

Stockhardt.

Chimie usuelle appliquée à l'agriculture et à l'industrie, par Stockhardt, traduite par Brustlein. 1 volume in-18 de 524 pages et 225 gravures 4 50

DRAINAGE — IRRIGATION — ÉTANGS — PISCICULTURE

Barral.

Drainage des terres arables, par Barral. 2e édition. 2 vol in-12 formant ensemble 960 pages et contenant 443 grav. et 9 pl. . . 7 »

Irrigations, engrais liquides et améliorations foncières permanentes, par Barral. 1 v. in-12 de 790 p. et 120 grav. . 7 50

Législation du drainage, des irrigations et autres améliorations foncières permanentes, par Barral. 1 vol. in-12 de 664 pages. . 7 50

Benoit.

Drainage (Système de), par Benoît. In-8, 24 pages et 1 pl. 1 »

Delacroix.

Drainage (Faits de), débit des terres drainées, position des plan d'eau souterrains, par Delacroix. 84 pages in-18 et 4 gravures. 1 25

Dalloz.

Irrigations (Code des), suivi des rapports de MM. Dalloz et Passy, et de la législation étrangère, par Bertin, avocat, rédacteur en chef du journal *le Droit*. 1 vol. in-8 de 182 pages. . . . . 3 »

Danilewski.

Coup d'œil sur les pêcheries en Russie, par C. Danilewski. Grand in-8 de 75 pages. 1 50

Jeandel.

Inondations (Études expérimentales sur les), par Jeandel, ancien élève de l'École forestière. 1 vol. in-8 de 146 pages. . . 2 50

Joigneaux.

Pisciculture et Culture des eaux, par Joigneaux. 1 vol. in-18 de 360 pages et 61 gravures. Prix. 3 50

Lambot-Miraval.

Montagnes (Moyens de les reverdir par l'irrigation et de prévenir les inondations), par Lambot-Miraval. 66 pag. 2 »

Leclerc.

Drainage (Traité pratique de), par Leclerc, ingénieur, chef du service du drainage en Belgique. 1 vol. in-12 de 424 p. 130 gr. 3 50

Martres.

Drainage appliqué à l'agriculture des landes, par Martres. 70 p. 1 »

Midy.

Drainage (Le) et l'Irrigation, par Midy. 27 pages in-8. . . » 50

Monny de Mornay.

Irrigations en Italie et en Allemagne (Législation des), par Monny de Mornay, chef de la division de l'agriculture au ministère de l'agriculture. 1 vol. in-8 de 166 pages. 3 50

Mouls.

Huîtres (Les), par l'abbé L. Mouls, curé d'Arcachon. 1 v. in-18. 1 25

Muller (A.) et Villeroy (F.)

Manuel des irrigations. 2e édition revue et corrigée par les auteurs (*sous presse*.) 3 50

Nivière.

Drainage (Moyen d'obtenir du) tout son effet utile, par Nivière, ancien directeur de l'école de la Saulsaie. In-12 de 36 pages. . . » 75

Pellault.

Irrigations. Commentaire de la loi du 29 avril 1845, par Henri Pellault, docteur en droit. In-12 de 374 pages. 3 50

Sers.

Irrigation dans les contrées montagneuses, par Sers. Une brochure in-8 de 24 pages. . . . . » 75

Thackeray.

Drainage (Philosophie et Art du), par Thackeray. 96 p. 2 50

VIGNOTTI.

Irrigations du Piémont et de la Lombardie. par Vignotti. 1 vol. in-18 de 94 pages. . . . . » 75

VILLEROY (F.)

Voir MULLER (A.) et VILLEROY (F.)

VIREBENT.

Drainage rendu facile. par Virebent. 40 p. in-8 et 3 pl. . 1 25

CONSTRUCTIONS, INSTRUMENTS, ARTS AGRICOLES

BONA.

Constructions rurales (Manuel des), par Bona. 3e édition. 1 vol. in-18 de 296 pages. 3 50

CASANOVA.

Charrue (Manuel de la), par Casanova. 1 vol. in-18 de 176 pages et 83 gravures. 1 75

DAMEY.

Machines à battre (Le conducteur de), par Damey. 1 vol. in-18 de 108 pages. 1 50

KERGORLAY (DE).

Ferme de Canisy, par de Kergorlay. 24 p. in-4 et 52 grav. 1 »

LEFOUR.

Constructions et mécaniques agricoles, par Lefour (Bibl. du Cultiv.). 216 p. et 151 gr. 1 25

MACHINES, etc.

Machines à moissonner. Rapport du jury sur le concours de 1859 64 pages grand in-8, 34 gravures. . . . . 1 »

PEPIN.

Labourage à vapeur. par Pepin-Lehalleur. . . . . » 50

PIOT.

Meulerie et meunerie, par Piot. 1 vol. in-8 de 370 pages et 12 gravures. . . . . 12 »

PLANET.

Machines à battre (La vérité sur les). par de Planet. 1 vol. in-18 de 256 pages. 2 »

SAINT-MARTIN.

Chemins ruraux (Des), par Saint-Martin. 1 brochure in-8 de 60 pages. . . . . 2 »

TOUAILLON.

Meunerie (La), la boulangerie, la biscuiterie, la vermicellerie, l'amidonnerie, la féculerie et la décortication des légumineuses, par Charles Touaillon fils, ingénieur, constructeur spécial de moulins, meules, etc. 1 vol. in-18 de 452 pages. . . . . 5 »

ANIMAUX DOMESTIQUES — MÉDECINE VETERINAIRE

BENION.

Chiens (Les). *Actuellement sous presse*

BORIE (Victor).

Animaux de la Ferme, par Victor Borie. — ESPÈCE BOVINE.

Cet ouvrage, qui est terminé, contient 46 aquarelles dessinées d'après nature, 65 gravures noires intercalées dans le texte et 352 pages de texte grand in-4 imprimées avec luxe.

Prix des 20 livraisons. . . . . 80 »
Le même ouvrage cartonné. . . . . 85 »
— richement relié. . . . . 100 »

DAIGNAUD.

Race bovine du Limousin (Amélioration de la), par Daignaud. 1 vol. in-18 de 106 pages. 1 50

DAMPIERRE (DE).

Races bovines, par de Dampierre (Bibl. du Cult.). 2ᵉ édit. 196 pages et 28 gravures. 1 25

DELAFOND.

Typhus de l'espèce bovine, par Delafond, professeur à l'École vétérinaire d'Alfort. 20 pages in-8 et 5 gravures. . . . . . . » 75

FLAXLAND (J.-F.).

Études sur l'élevage, l'entretien et l'amélioration de la race bovine en Alsace. 124 p. in-8. . . . . 2 »

GAYOT.

Bétail gras (Le) et les Concours d'animaux de boucherie, par Eugène Gayot. 1 vol. in-8 de 204 pages. 3 50

Cheval (Achat du), par Gayot (Bibl. du Cultiv.) 1 vol. de 216 pages et 25 grav.. . . . . 1 25

Chevaline (La France), par Eug. Gayot, ancien directeur des haras.

1ʳᵉ partie : *Institutions hippiques*, contenant l'histoire de l'administration des haras, étalons approuvés et autorisés, étalons départementaux, primes à la production et à l'élève ; courses au trot, au galop ; steeple-chases. 4 vol. in-8. . . . . 26 »

2ᵉ partie : *Études hippologiques* traitant de toutes les questions de science qui aboutissent à la production et à l'élève des chevaux. Étude physiologique de toutes les races du pays et de leurs transformations. 4 v. 26 »

Lièvres, Lapins et Léporides, par Eug. Gayot (Bibl. du Cultiv.), 216 p. et 46 grav. 1 25

Mouches et Vers. *Sous presse.*

Poules et Œufs, par E. Gayot (Bibl. du Cultiv.).1 v. de 216 pag. 1 25

Sportsman (Guide du), ou traité de l'entraînement. 1 vol. in-18 de 376 pages avec 12 gravures, par E. Gayot. 4ᵉ édition. 3 50

GEOFFROY SAINT-HILAIRE.

Animaux utiles (Acclimatation et Domestication des), par I. Geoffroy Saint-Hilaire, Président de la Société d'acclimatation. 4ᵉ édition. 1 beau vol. in-8 de 534 pages et 47 gravures . . . 9 »

GOUX.

Race bovine garonnaise, par Goux. 1 vol. in-8 de 80 pages. 1 50

HAYS (DU).

Cheval percheron, par du Hays (Bibl. du Cultiv.). 1 vol. de 176 pages. 1 25

Merlerault (Le), ses herbages, ses éleveurs, ses chevaux, par Charles du Hays. 1 vol. in-18 de 182 pages. . . . . 3 »

HEUZÉ (G.).

Porc (Le), par Gustave Heuzé, membre de la Société impériale et centrale d'agriculture de France. 1 volume in-12 de 334 pages avec 56 gravures. 3 50

JACQUE (Ch.).

Poulailler (Le), par Ch. Jacque. 2e édit. 1 vol. in-12 et 120 g. 3 50

JUILLET.

Chevaline (Émancipation de l'industrie), par Juillet. 1 brochure in-8 de 48 pages. 1 50

LAMORICIÈRE (Général de).

Chevaline (De l'espèce) en France, par le général de Lamoricière. 1 vol. in-4 de 312 pages et 3 cartes coloriées. 3 50

LEFOUR.

Animaux domestiques, par Lefour (Bibl. du Cultiv.). 1 vol. in-18 de 162 pages et 57 grav. 1 25

Cheval, Ane et Mulet, par Lefour (Bibl. du Cult.). 1 vol. de 182 p. et 300 gravures. 1 25

Mouton (Le), par Lefour, ancien inspecteur général de l'agriculture. 1 vol. in-18 de 390 p. et 76 grav. 3 50

Race flamande, par Lefour. 1 volume in-4 de 216 pages, avec 114 gravures noires et 4 planches coloriées. (Édition de l'Imprimerie impériale). . . . . 20 »

MAGNE.

Vaches laitières (Choix des), par Magne (Bibl. du Cultiv.). 144 pages et 30 gravures. 1 25

MILLET-ROBINET (Mme).

Basse-cour, pigeons et lapins, par Mme Millet (Bibl. du Cultiv.). 4e édit. 180 pages et 31 gravures. 1 25

PEILLARD.

Fer élastique (Le). Ferrure physiologique, par C. Peillard. 1 vol. in-12 de 130 p. et 30 grav. . . . . 2 »

RAUCH.

Vétérinaires (Nécessité d'encourager l'établissement des) dans les campagnes. 36 p. in-18, par Rauch . . . . . . » 50

SAIVE (DE).

Inoculation du bétail pour prévenir la péripneumonie, par le docteur de Saive. 100 pages in-8. . . . . 2 50

SALLE.

Méthode pratique pour aider à la connaissance rapide de l'âge du cheval, par Salle, vétérinaire militaire. Tableau circulaire mobile, cartonné. . . . . 5 »

SANSON.

Bétail (Économie du), par Sanson. 4 vol. in-18 et plus de 150 grav. Prix de chaque volume. 3 50

1er VOL. — Organisation et fonctions physiologiques, hygiène.
2e VOL. — Principes généraux de la zootechnie.
3e VOL. — Applications : cheval, âne, mulet.
4e VOL. — Applications : bœuf, mouton, chèvre, porc.

Chaque volume se vend séparément.

Médecine vétérinaire (Notions usuelles de), par Sanson (Bibl. du Cultiv.). 1 vol. de 180 pages. 1 25

SEGOUIN.

Lapins (Nouveau traité pratique de l'éducation des diverses espèces de), par Segouin. 58 pages in-12. . . . . » 50

TISSERAND.

Vaches laitières (Guide des propriétaires dans le choix des), par Eug. Tisserand. Deuxième édition. 1 vol. in-18 de 396 pages et 19 gravures. . . . . 4 »

VERHEYEN.

Médecine vétérinaire (Manuel de), par Verheyen. 2 volumes de 392 pages. 2 50

VIAL.

Engraissement du bœuf, par Vial (Bibl. du Cultiv.). 1 vol. in-18 de 180 pages et 12 gravures. 1 25

VIAL (A.).

Traité d'hippologie. Connaissance pratique du cheval, par A. Vial. 1 vol. in-8 de 319 pages et 73 gravures. 7 50

VILLEROY.

Bêtes à cornes (Manuel de l'Éleveur de), par Villeroy (Bibl. du Cultiv.). 300 pages et 60 gravures. 1 25

Bêtes à laines (Manuel de l'Éleveur de), par F. Villeroy, cultivateur au Rittershof (Bavière rhénane). 1 v. de 335 p. et 54 gr. 3 50

Chevaux (Manuel de l'éleveur de), par Félix Villeroy. 2 vol. in-8 avec 121 gravures. (Types des principales races.) . . . . 12 »

ARBORICULTURE — HORTICULTURE — BOTANIQUE

Almanach du Jardinier, par les rédacteurs de *la Maison rustique.* 192 pages et 70 gravures. . . . . » 50

Une nouvelle édition de cet Almanach est publiée chaque année.

ANDRÉ.

Plantes de terre de bruyère. Rhododendrons, Azalées, Camellias, Bruyères, Ipacris, etc.; par Ed. André. 1 vol. in-18 de 388 pages avec 30 gravures 3 50

BARON.

Arbres fruitiers (Nouveaux principes de la taille des). par Baron. 1 vol. in-8 de 142 pages et 23 gravures 3 50

BENGY-PUYVALLÉE (DE).

Pêcher (Culture du), par Bengy-Puyvallée. 2e édition. 1 volume in-18. . . . . 3 50

BERLÈSE.

Camellia, par l'abbé Berlèse. 3e édition. Culture et description de 180 variétés nouvelles. 1 vol. in-8 de 340 pages . . . . 5 »

BONCENNE.

Jardinage pour tous (Traité de), par Boncenne. 2e édition. 1 v. in-12 de 440 pages 2 50

Horticulture (Cours élémentaire d'), par Boncenne. 2 vol. in-18, formant ensemble 312 pages avec 85 gravures (Bibl. des Écoles rurales) 1 50

BON JARDINIER (LE).

Bon Jardinier (Le), par POITEAU, VILMORIN, BAILLY, DECAISNE, NEUMANN, PÉPIN. 1,650 pages in-12 . . . . 7 »

PRINCIPAUX CHAPITRES DU BON JARDINIER

Calendrier du jardinier.
Notions de botanique.
Chimie et physique horticoles.
Bâches, couches.
Serres, abris.
Multiplication des plantes.
Maladies, animaux nuisibles.
Arbres fruitiers et taille.
Plantes potagères.
— médicinales.
— de grande culture.

Division des plantes par famille.
Plantes de pleine terre.
Dictionnaire de toutes les plantes, arbres et arbustes connus jusqu'à ce jour avec leur description, le nom de la famille à laquelle ils appartiennent, l'époque des semis, de la floraison; leur culture et leur emploi dans les jardins.
Ce dictionnaire contient le nom vulgaire et scientifique de chaque plante.

Une nouvelle édition du *Bon Jardinier* est publiée chaque année.
Cet ouvrage a été couronné par la Société impériale d'horticulture.

Bon Jardinier (Gravures du), 22e édit. 1 vol. in-12 de 648 pag. avec 680 grav. et planches . . . . 7 »

CONTENANT

1° Principes de botanique.
2° Principes de jardinage, manière de tailler, marcotter, greffer, disposer et former les arbres fruitiers.
3° Construction et chauffage des serres.
4° Instruments et outils de jardinage.
5° Composition et ornements des jardins.
6° Hydroplasie.

BOSSIN.

Reine-Marguerite et ses variétés, par Bossin. In-12 de 48 p. » 50

BRAVY.

Arbres fruitiers (Culture des), par Bravy. 2e éd. 86 p. in 12. » 75

Carrière.

Arbre généalogique du groupe pêcher. 1 v. in-8. 104 p. 3 »

Entretiens familiers sur l'horticulture, par Carrière. 1 vol. in-12 de 384 pages.......... 3 50

Jardinier-Multiplicateur (Guide pratique du) ou art de propager les végétaux par semis, boutures, greffes, etc., par E.-A. Carrière. 2e édition. 1 vol. in-18 de 416 pages et 85 gravures.... 3 50

Pépinières, par Carrière (Bibl. du Jard.). 148 pages et 30 grav. 1 25

Production et fixation des variétés dans les végétaux, par Carrière. 1 vol. in-8 à 2 colonnes de 72 pages avec 13 gravures sur bois et 2 planches coloriées.......... 2 50

Traité général des Conifères, ou description de toutes les espèces et variétés de ce genre aujourd'hui connues, avec leur synonymie, l'indication des procédés de culture et de multiplication qu'il convient de leur appliquer, par E. Carrière. Nouvelle édition. 2 vol. in-8, ensemble de 910 pages.......... 20 »

Céris (De).

Jardins et parcs, par de Céris (Bibl. du Jard.). 1 vol. in-18 avec 60 gravures.......... 1 25

Dumas.

Culture maraîchère dans le Midi de la France, par Dumas. 1 vol. in-18 de 120 pages.......... 1 25

Calendrier horticole pour le Midi de la France. Taille précoce des arbres fruitiers et de la vigne, son avantage contre les gelées tardives sous le rapport de la fructification, par A. Dumas. In-12 de 80 pages.......... 1 »

Duvillers.

Parcs et jardins (Les), créés et exécutés par F. Duvillers, architecte paysagiste, paraissant par livraisons de deux planches in-folio avec texte. Prix de chaque livraison.......... 5 »

Gaudry.

Arboriculture (Cours pratique d'), par Gaudry. 1 vol. in-12 de 304 pages.......... 2 25

Grin.

Le pincement court ou pincement des feuilles. Méthode de direction des arbres et notamment du pêcher. In-8 de 62 pages. 1 »

Hardy.

Arbres fruitiers (Taille et Greffe des), par Hardy. 6e édition. 1 vol. in-8 et 122 gravures.......... 5 50

Hérincq

Plantes, Arbres et Arbustes (Manuel général des). Description et culture de 25,000 plantes indigènes d'Europe ou cultivées dans les serres, par MM. Hérincq et Jacques, ex-jardiniers en chef du domaine royal de Neuilly, pour les trois premiers volumes, et Duchartre, pour le quatrième volume. — 4 vol. petit in-8 à 2 colonnes..... 36 »

Huard du Plessis.

Noyer (Le). — *Sous presse.*

JACQUIN.

Melon (Monographie complète du), par Jacquin aîné. 1 vol. in-8 de 200 pages et 33 planches sur acier. Prix. . . . . 5 »

JAMIN et DURAND.

Catalogue raisonné des arbres fruitiers, cultivés chez Jamin et Durand. 56 pages in-8. . . . . 1 50

JARDINS, etc.

Jardins (Traité de la composition et de l'ornementation des). 6e édition. 2 vol. in-4 oblong avec 168 planches gravées. 25 »

P. JOIGNEAUX.

Conférences sur le jardinage (légumes et fruits). 2e édit., par Joigneaux (Bibl. du Jard.). 152 pages. 1 25

Le jardin potager, par P. Joigneaux, ouvrage illustré de 95 dessins en couleur, intercalés dans le texte. 1 beau vol. in-18 de 442 pages. . . . . 6 »

LABOURET.

Cactées (Monographie de la famille des), suivie d'un **Traité complet de culture** et d'une table alphabétique de toutes les espèces et variétés, par Labouret. 1 vol. in-12 de 732 pages. . . . 7 50

Cet ouvrage a été couronné par la Société impériale d'horticulture.

LACHAUME.

Pêchers en espaliers (Conduite et taille des), par Lachaume. 1 vol. in-18 de 212 pages et 40 gravures. . . . . 2 »

Poiriers et Pommiers (Méthode élémentaire pour tailler et conduire les), par Lachaume. 1 volume in-18 de 285 pages et 49 gravures. 2 50

LAHAYE.

Maladies organiques des arbres fruitiers, des causes et des moyens de les prévenir, par Lahaye. 1 br. in-8 de 44 pages. . . 1 50

LEBOIS.

Chrysanthème (Culture du), par Lebois. 36 pages in-12. . » 75

LECOQ.

Botanique populaire, par Henri Lecoq, professeur à la Faculté des sciences de Clermont-Ferrand. 1 vol in-18 de 408 p. et 215 grav. 3 50

Fécondation naturelle et artificielle des végétaux et hybridation, par Henri Lecoq. 1 vol. in-8 de 428 pages et 106 gravures. 7 50

LE MAOUT.

Flore élémentaire des Jardins et des Champs, avec des Clefs analytiques conduisant promptement à la détermination des Familles et des Genres, et un Vocabulaire des termes techniques; par Le Maout et Decaisne, de l'Institut, professeur de culture au Jardin des Plantes de Paris. 2 vol. petit in-8 de 940 pages. . . . . 9 »

LEROY (André).

Catalogue de André Leroy (d'Angers). 1 v. in-8 de 140 p. 1 »

LIRON (DE) D'AIROLLES.

Catalogue des arbres à fruits, cultivés dans les pépinières des CHARTREUX de Paris, en 1775. 1 brochure in-18 de 82 pages, publiée par de Liron d'Airolles. . . . . 2 »

Poiriers (Les) les plus précieux parmi ceux qui peuvent être cultivés à haute tige; par de Liron d'Airolles. 2e édit. 1 vol. in-8 avec pl. 2 »

LOISEL.

Asperge. Culture, par Loisel (Bibl. du Jard.). 2e édition. 108 pages et 8 gravures. 1 25

Melon. Culture, par Loisel (Bibl. du Jard.). 5e édition. 108 pages et 7 gravures. 1 25

MARX-LEPELLETIER.

Rosier — Violette — Pensée — Primevère — Auricule — Balsamine — Pétunia — Pivoine, par Marx-Lepelletier. (Bibl. du Jard.) 108 pages. 1 25

MENET.

Arboriculture (Traité élémentaire et pratique d'), par Menet. 1 vol. in-8 de 78 pages et 17 planches. 2 50

MOREL.

Orchidées (Culture des). Instructions sur leur récolte, expédition et mise en végétation, et liste descriptive de 550 espèces et variétés, par Morel, vice-président de la Société impériale d'horticulture. 1 v. 5 »

NAUDIN.

Potager (Le), jardin du cultivateur, par Naudin (Bibl. du Jardinier). 187 pages, 31 gravures. 1 25

Serres et Orangeries de plein air; par Ch. Naudin, 32 pages in-8. . . . . » 75

NEUMANN.

Serres (Art de construire et de gouverner les); par Neumann. 1 volume in-4 oblong, renfermant 83 planches. . . . . 7 »

NOISETTE.

Jardinier (Manuel complet du); par Louis Noisette. 4 vol. in-8 et un supplément formant ensemble 2170 pages et 25 planches. 25 »

PIROLLE.

Dahlia, par Pirolle (Bibl. du Jard.). 1 vol. in-18 de 148 pages. 1 25

PONSORT (DE)

Pensée (Culture de la); par le baron de Ponsort (Bibl. du Jard.). 1 volume de 108 pages. 1 25

PRÉCLAIRE.

Arboriculture (Traité théorique et pratique d'); par Préclaire. 1 vol. in-8 de 178 pages et 1 atlas in-4 de 15 planches. . 5 »

PUVIS.

Arbres fruitiers. Taille et mise à fruit; par Puvis. (Bibl. du Jard.) 2e édit. 167 pages. 1 25

PUYDT (DE).

Plantes de serre froide; par de Puydt (Bibl. du Jard.). 157 pages et 15 gravures. 1 25

RAFARIN.

Serres (Chauffage des); par Rafarin. 1 vol. in-8, 26 grav. 3 50

RAOUL.

Arboriculture (Manuel pratique d'); par l'abbé Raoul. 1 vol. in-18 de 264 pages et 10 gravures. 2 50

RÉMY.

Champignons et Truffes; par Jules Rémy. 1 vol. in-18 de 172 pages et 12 planches coloriées. 3 50

Jardinier des fenêtres (Le), des appartements et des petits jardins; par J. Rémy. 1 v. in-18 de 280 pages et 40 gravures. 4e édition 3 50

ROBAUX.

Indicateur horticole à l'usage des amateurs et des jardiniers; par Robaux. 1 brochure in-8.. . . . . 1 »

ROBIN.

Végétaux (Rôle de l'oxygène dans la respiration et la vie des); par Édouard Robin. 60 pages in-8.. . . . . 1 50

THIBAUT.

Pelargonium, par Thibaut (Bibliothèque du Jardinier). 2e édit. 108 p. et 10 gr. 1 25

THORY.

Rosier (Prodrome de la monographie du genre); par Thory. 1 volume in-12 de 190 pages. 1 25

VIGNE — BOISSONS — DISTILLATION — SUCRE

CARRIÈRE.

Vigne (La); par Carrière. 1 vol. in-18 de 396 p. et 121 grav. 3 50

PRINCIPAUX CHAPITRES

Multiplication de la vigne.
Culture et plantation.
Taille et conduite de la vigne.
Restauration des vieilles vignes.
Engrais, labours, soufrage.
Des cépages.

CLÉMENT PRIEUR.

Étude sur la viticulture et sur la vinification dans le département de la Charente. In-8 de 165 pages. . . 2 »

COLLIGNON D'ANCY.

Vigne. Nouveau mode de culture et d'échalassement; par Collignon d'Ancy. 1 vol. in-8 de 200 pages et 3 planches. . . . . . . 3 »

GARNIER.

Vigne (Théorie pour l'amélioration de la culture de la) par Garnier. 1 vol. in-8 de 192 pages. 2

Guyot (Jules).

Vigne (Culture de la) et Vinification; par le Dr Jules Guyot. 2e édition. 1 volume in-12 de 420 pages et 30 gravures. . . . 3 50

Viticulture dans la Charente-Inférieure; par le docteur Guyot. 1 volume in-8 de 60 pages. 2 50

Viticulture dans l'est de la France; par le docteur Guyot. 1 volume in-18 de 204 pages et 46 gravures. 3 50

Viticulture du sud-ouest de la France; par le docteur Guyot. 1 volume in-8 de 248 pages et 89 gravures. 4 50

Jobard-Bussy.

Vigne (Perfectionnement de la plantation de la); par Jobard-Bussy, 1 volume in-8 de 102 pages et 1 planche. 1 50

Laliman.

Vigne (Taille de la) à cordons; vignes et vins étrangers; par Laliman, 1 brochure in-8 de 52 pages. 1 25

Leusse (De).

Distillation agricole de la pomme de terre, des topinambours, etc., etc., par le comte de Leusse. 1 vol. in-18 de 154 pages. . . . . 2 »

Machard.

Vins (Traité pratique sur les); par Machard, 4e édition. 1 vol. in-18 de 359 pages. 3 50

Michaux (A.).

Échalas (Plus d'). Échalas, paisseaux et lattes remplacés par des lignes de fil de fer mobiles; par A. Michaux, de l'Institut. 18 pages et 1 planche. . . . . » 40

Odart.

Ampélographie universelle, ou Traité des cépages les plus estimés; par le comte Odart. 5e édit. 1 vol. in-8 de 650 pages. . 7 50

Vigneron (Manuel du); par le comte Odart. 3e édition. 1 vol. in-12 de 360 pages. 4 50

Robinet (fils).

Vins (Manuel pratique et élémentaire d'analyse des); par Ed. Robinet fils. 1 vol. in-8 de 136 pages et 2 planches. . 3 »

Seillan.

Vins du Gers; par Seillan. 44 pages in-4 et 1 carte. . . . . 1 »

Terrel des Chênes.

Vins (Pourquoi nos) dégénèrent; par Terrel des Chênes. 1 brochure in-8 de 48 pages. . . . . 1 »

VERGNE (DE LA).

Soufrage de la vigne (Instruction pratique sur le), par de la Vergne. 1 vol. in-18 de 82 pages et 1 planche 1 50

VERGNETTE-LAMOTTE.

Vin (Le); par de Vergnette-Lamotte, correspondant de l'Institut. 1 vol. in-18 de 384 pages avec 3 planches en couleur et 29 gr. noires. 3 50

PRINCIPAUX CHAPITRES

Vendange. Fermentation.
Remplissage des vins nouveaux.
Amélioration des moûts.
Sucrage de la vendange.
Vinage des vins. Coupage des vins.
Alcoolométrie. Collage des vins. Fermentation des vins au tonneau.
Des caves. Soins que demandent les vins vieux.
Action du froid sur les vins.
Congélation des vins.
Tirage en bouteilles des grands vins et des vins ordinaires.
Maladies des vins.
Amertume des vins.
Examen des dépôts des vins.
Maladie des vins en bouteilles.
Amertume des vins vieux.
Chauffage des vins.
Théorie et effet du chauffage.
Pratique du chauffage.

VIGNIAL.

Vigne (Hygiène de la); par Vignial. Moyen de lui rendre la santé sans le secours d'aucun remède. 1 br. in-8 de 16 p. et 3 pl. . 1 »

ABEILLES — MURIERS — SOIE — VERS A SOIE

BLAIN.

Ver à soie du chêne (Notice pratique pour servir à l'éducation du); par Blain. 1 brochure in-18 de 20 pages. . 1 »

BOULLENOIS (DE).

Vers à soie (Conseils aux nouveaux éducateurs de); par de Boullenois. 2e édit. 1 vol. in-8 de 224 pages et 2 planches. 3 50

BOYER et LABAUME.

Mûrier (Culture du); par Boyer et Labaume. 150 p., 3 pl. . 3 »

CHABOD.

Magnanerie (La petite), ou Manuel de l'éducation pratique et raisonnée des vers à soie; par Chabod fils. 1 br. in-18 de 48 p.. . 1 25

CHARREL.

Mûrier (Manuel du cultivateur de); par Charrel, pépiniériste, commissaire-instructeur à la culture du mûrier, désigné par la Société d'agriculture de Grenoble. 1 vol. in-8 de 268 pages. 1 75

CHAVANNES (DE).

Mûrier. Manière de cultiver le mûrier avec succès dans le centre de la France; par de Chavannes. 1 vol. in-8 de 130 pages. 1 25

DEBEAUVOYS.

Apiculteur (Guide de l'); par Debeauvoys. 6e édition. 1 vol. in-12 de 340 pages, avec figures. 2 50

Duseigneur.

Cocons et Graines d'Italie; par Duseigneur. 16 pag. in-8. 1 »

Givelet.

Ailante et son bombyx (L'). Culture de l'ailante, éducation du ver que cet arbre nourrit, valeur et emploi de la soie qu'on en tire, par Henri Givelet. Ouvrage orné de plusieurs plans et de 14 planches coloriées. . . . . 10 »

Guérin-Menneville.

Muscardine; par Guérin-Menneville. In-8 de 186 pages. . . 3 »

Vers à soie (Maladies et amélioration des races de); par Guérin-Menneville. 32 pages in-18. . . . . 1 »

Masquard (E. de).

Maladies des vers à soie, par M. E. de Masquard (*sous presse*). 3 50

Personnat.

Ver à soie du chêne (Conférence sur le). (Bombyx Yama-maï); par Camille Personnat, donnée au Palais de l'Industrie de Paris, le 28 août 1865. . . . . 1 »

Ver à soie du chêne (Le). bombyx Yama-Maï, son histoire, son acclimatation, son éducation, ses produits; par Camille Personnat. 1 vol. in-8 avec 3 planches coloriées. . . . . 3 »

Roux.

Vers à soie (Les); par J.-F. Roux. 1 vol. in-12 de 245 pages. 1 25

Sagot.

Petit traité spécial de la culture des abeilles avec l'aumonière ruche à cadres et greniers mobiles, par l'abbé Sagot. In-18, fig. 1 »

Société séricicole.

Société séricicole (Annales de la). pour la propagation et l'amélioration de l'industrie de la soie. 15 volumes grand in-8 et 15 planches.

La collection complète. 175 »

BOIS — FORÊTS — CHARBON

Arbois de Jubainville.

Assolements forestiers (Utilité des); par d'Arbois de Jubainville. 1 brochure in-8 de 48 pages . . . . 2 »

Balivage (Règlement du) dans une forêt particulière; par d'Arbois de Jubainville. 1 brochure in-8 de 64 pages. . . . . . . 2 »

Défrichement des forêts (Manuel du); par d'Arbois de Jubainville. 1 vol. in-8 de 184 pages. 4 50

Burger.

Chêne de marine (Principes de culture du); par Burger. 1 brochure in-8 de 64 pages. 1 50

CLAVÉ.

Économie forestière (Études sur l'); par Jules Clavé. 1 vol. in-18 de 380 pages 3 50

COURVAL (DE).

Arbres forestiers (Conduite et taille des); par le vicomte de Courval. 1 brochure in-8 de 110 pages et 15 planches. . . . . 5 »

DUBOIS.

Charrue forestière, travaux de reboisement exécutés dans le Blésois; par Dubois. 1 brochure in-8 de 84 p. . 2 »

Futaies de chêne (Considérations culturales sur les); par Dubois. 1 brochure in-8 de 42 pages. 1 50

GRANDVAUX.

Reboisement des montagnes de France; par Grandvaux. 1 volume in-8 de 50 pages. . . . . » 75

GURNAUD.

Bois de l'État et la dette publique (Les); par Gurnaud. 1 brochure de 16 pages. » 75

Forêts de l'État (Conserver les) et réaliser le matériel surabondant; par Gurnaud. 1 brochure in-8 de 64 pages. . . . . . . 2 »

Forêts (Mémoire sur la gestion des); par Gurnaud. 1 brochure in-8 de 32 pages. 1 50

JOUBERT.

Reboisement de la France (Du); par Joubert. In-8. . . 1 50

MOITRIER.

Osier (Culture de l'); et art du vannier, par Moitrier. 60 pages et 4 planches. . . . . 2 »

NANQUETTE

Cours d'aménagement des forêts, professé à l'École impériale forestière, par H. Nanquette. 1 volume in-8 de 327 pages. . . 6 »

RIBBE (DE).

Provence (La), au point de vue du bois, des torrents et des inondations; par de Ribbe. 1 vol. in-8 de 200 pages. . . . . . . 3 »

ROUSSET.

Études de maître Pierre sur l'agriculture et les forêts; par Antonin Rousset. 1 volume in-18 de 92 pages. . . . . . 1 »

SAMANOS.

Pin maritime (Culture du); par Eloi Samanos. 1 volume in-8 de 150 pages et 4 planches. . . . . 3 »

THOMAS.

Bois (Traité général de la culture et de l'exploitation des); par Thomas. 2 volumes in-8. . . . . 10 »

ÉCONOMIE DOMESTIQUE — CUISINE

Bréviaire des gastronomes. Aide-mémoire pour ordonner les repas. 1 volume in-16 cartonné de 186 p. . . . . 2 »

Cuisinière de la campagne et de la ville (La); par L. E. A. 1 volume in-12 avec figures. 42e édition. . . . . 3 »

DELAMARRE.

Vie à bon marché (La); par Delamarre, député de la Somme. Le pain, la viande, les transports. 2e édit. 1 vol. in-12 de 708 p.. 3 50

LECLERC.

Caisse d'épargne et de prévoyance. Lettres à un jeune laboureur par Louis Leclerc. 3e édition. In-12 de 60 pages. . . . . » 25

MARTIN (DE).

Fromages (Études sur la fabrication des), fermentation caséique. Grand in-8 de 60 pages. 1 50

MILLET-ROBINET (Mme).

Bon domestique (Le); par Mme Millet-Robinet. 1 volume in-12 de 204 pages. . . . . 2 »

Conseils aux Jeunes Femmes; par Mme Millet-Robinet. 1 vol. in-18 de 284 pages et 30 gravures 3 50

Économie domestique; par Mme Millet-Robinet. (Bibl. du Cultiv.). 3e édition. 245 pages et 78 gravures. 1 25

Maison rustique des Dames; par Mme Millet-Robinet. 2 volumes in-12, avec 250 gravures, 6e édition. 7 75

Cet ouvrage est divisé en quatre parties :

TENUE DU MÉNAGE

Travaux — Repas.
Comptabilité — Dépenses.
Mobilier — Linge.
Conserves — Blanchissage.

CUISINE

Potages — Sauces.
Viandes — Poissons — Gibier.
Légumes — Fruits — Purées.
Entremets — Desserts — Bonbons.

MÉDECINE DOMESTIQUE

Pharmacie — Hygiène.
Maladies des enfants.
Médecine et Chirurgie.
Empoisonnement — Asphyxie.

JARDIN — FERME

Jardins, Potagers, Fruitiers, Fleurs, etc.
Ferme, Travaux des champs.
Basse-cour, Vacherie, Laiterie.
Bergerie, Porcherie.

VACCA (E.).

Fromages dits de géromé (Fabrication des); par E. Vacca, professeur de chimie. Brochure in-8. . . . . » 50

VILLEROY.

Laiterie, Beurre et Fromages; par Villeroy. 1 volume in-18 de 390 pages et 59 gravures. 3 50

JOURNAUX — PUBLICATIONS PÉRIODIQUES

GAZETTE DU VILLAGE

Fondée par M. VICTOR BORIE

PARAISSANT TOUS LES DIMANCHES

Prix d'abonnement, rendu *franco* à domicile : un an. . . 6 fr.
— — six mois. . 3 fr. 50

10 centimes le numéro

Ce journal, contenant 8 pages à deux colonnes, format des journaux littéraires illustrés, publie, chaque semaine, des articles ayant pour but de mettre à la portée de toutes les intelligences les notions élémentaires d'économie rurale, les meilleures méthodes de culture, les inventions nouvelles ; de faire connaître les principales industries et les procédés employés par elles ; de populariser les voyages entrepris dans des contrées lointaines ; de raconter la vie des hommes utiles à l'humanité, et de tenir enfin les lecteurs au courant de tout ce qui se passe d'intéressant dans le monde industriel et agricole.

Il donne, en outre, un grand nombre de faits, recettes, procédés divers utiles aux cultivateurs et aux ouvriers.

Une partie du journal, consacrée aux *lectures du soir*, contient un roman choisi avec la sollicitude la plus scrupuleuse.

Instruire et moraliser sans ennui, tel est le programme de la *Gazette du Village*.

En vente :	1re année 1864.	4 »
	2e — 1865.	4 »
	3e — 1866.	4 »

On s'abonne à Paris, rue Jacob, 26, en envoyant un mandat de SIX francs sur la poste. (Les frais de ce mandat ne sont que de 6 centimes.)

39e ANNÉE — 1867

REVUE HORTICOLE

JOURNAL D'HORTICULTURE PRATIQUE

FONDÉE EN 1829 PAR LES AUTEURS DU BON JARDINIER

Rédacteur en chef : M. CARRIÈRE
Chef des pépinières au Muséum d'histoire naturelle

PRINCIPAUX COLLABORATEURS :

D'Airolles, André, Bailly, Baltet, Boncenne, Bossin, Bouscasse, Carbou, Chabert, Chauvelot, Denis, de la Roy, Doumet, du Breuil, Durupt, Ermens, Gagnaire, Glady, Gloede, Groenland, Guillier, Hardy, Houllet, Kolb, Lachaume, de Lambertye, Lecoq, Lemaire, André Leroy, Martins, de Mortillet, Naudin, Neumann, d'Ornous, Pépin, Quetier, Rafarin, Sisley, Verlot, Vilmorin, etc.

PRIX DE L'ABONNEMENT POUR LA FRANCE ET L'ALGÉRIE

Pour un an.	20 fr.	»
Pour six mois.	10	50

On souscrit en envoyant à la *Librairie agricole*, 26, rue Jacob, le prix de l'abonnement en un mandat sur la poste dont la souche sert de quittance, ou en timbres-poste, en envoyant comme compensation de la perte subie par l'Administration pour l'échange contre espèces, quatre timbres-poste de 20 centimes pour l'abonnement d'un an, et un timbre de 40 centimes pour six mois : soit pour un an 20 fr. 80 en timbres-poste, et pour six mois 10 fr. 90. La quittance du journal est envoyée à la réception des timbres-poste.

On souscrit encore en avisant l'Administration de faire traite pour la somme de 20 fr. 80 pour un abonnement d'un an, et de 11 fr. 40 pour six mois.

PRIX DE L'ABONNEMENT. — UN AN (JANVIER A DÉCEMBRE) : 20 FR.

Franco jusqu'à destination.

Italie, Belgique et Suisse. . . .	20 fr.
Angleterre, Egypte, Espagne, Pays-Bas, Turquie, Allemagne, Autriche.	23
Colonies françaises, Montevideo, Uruguay.	25
Etats-Pontificaux.	24
Brésil, Iles Ioniennes, Moldo-Valachie.	26
Portugal.	24

Franco jusqu'à leur frontière.

Grèce.	23 fr.
Suède.	23
Pologne, Russie.	23
Buenos-Ayres, Canada, Colonies anglaises et espagnoles, Etats-Unis, Mexique.	25
Bolivie, Chili, Nouvelle-Grenade, Pérou, Java.	29

N. B. — La *Librairie agricole* envoie un numéro spécimen de la *Revue horticole* à toute personne qui lui en fait la demande.

PRIX DE L'ABONNEMENT POUR LA FRANCE ET L'ALGÉRIE

Pour un an.	20 fr.	»
Pour six mois.	10	50
Pour trois mois.	6	»

On souscrit en envoyant à l'Administration du Journal, 26, rue Jacob, le prix de l'abonnement en un mandat sur la poste dont la souche sert de quittance, ou en timbres-poste, en envoyant comme compensation de la perte subie par l'Administration pour l'échange contre espèces, quatre timbres-poste de 20 centimes pour l'abonnement d'un an, et un timbre de 20 centimes pour chaque trois mois : soit pour un an 20 fr. 80 en timbres-poste, et pour trois mois 6 fr. 20. La quittance du Journal est envoyée à la réception des timbres-poste.

On souscrit encore en avisant l'Administration de faire traite pour la somme de 20 fr. 90 pour un abonnement d'un an; de 11 fr. 40 pour six mois, et de 6 fr. 90 pour trois mois.

PRIX DE L'ABONNEMENT D'UN AN POUR L'ÉTRANGER

Franco jusqu'à destination.

Italie, — Belgique et Suisse. .	20 fr.
Angleterre, — Egypte, — Espagne, — Pays-Bas, — Turquie.	25
Allemagne, — Autriche. . . .	27
Colonies françaises, — Montevideo, — Uruguay.	29
Etats pontificaux.	28
Brésil, — Iles Ioniennes, — Moldo-Valachie.	32
Portugal.	28

Franco jusqu'à leur frontière.

Grèce.	25 fr.
Suède.	27
Pologne, — Russie.	27
Buenos-Ayres, — Canada, — Colonies anglaises et espagnoles, — Etats-Unis, — Mexique. .	30
Bolivie, — Chili, — Nouvelle-Grenade, — Pérou, — Java. .	34

N. B. L'administration envoie un numéro spécimen du *Journal d'agriculture pratique* à toute personne qui lui en fait la demande.

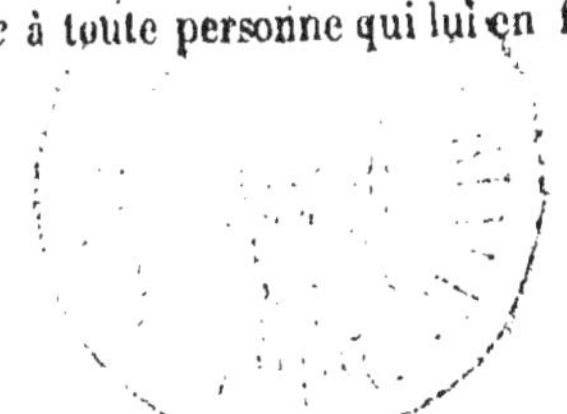

BIBLIOTHÈQUES

BIBLIOTHÈQUE AGRICOLE DES ÉCOLES PRIMAIRES.
BIBLIOTHÈQUE DES ÉCOLES RURALES. — BIBLIOTHÈQUE DU CULTIVATEUR.
BIBLIOTHÈQUE DU JARDINIER.

BIBLIOTHÈQUE AGRICOLE DES ÉCOLES PRIMAIRES

à 75 centimes le volume

Traité d'agriculture élémentaire et pratique, par C. Laurençon. 2 vol. in-18 avec figures. 1 50

PREMIÈRE PARTIE

Agriculture, sol, terres, engrais, amendements, instruments aratoires, façons culturales, assolements, jachère, culture des plantes, plantes alimentaires, plantes fourragères, plantes industrielles.

DEUXIÈME PARTIE

Animaux domestiques, fabrication du beurre et du fromage, principes d'horticulture, arbres fruitiers, principes de viticulture, fabrication du vin, fabrication de l'eau-de-vie et résidus, comptabilité agricole.

Chaque volume séparé. . . . . » 75

BIBLIOTHÈQUE DES ÉCOLES RURALES

à 75 centimes le volume

Jeudis de M. Dulaurier (Les), par Victor Borie. 2 vol. in-18 de chacun 126 pages et 40 gravures. 1 50

PREMIER VOLUME

Différentes espèces de terre, amendements, fumiers, drainage, irrigations, jachère, organisation des plantes, chimie agricole, échenillage, animaux utiles et animaux nuisibles, les fourrages, les labours, les instruments agricoles, etc.

SECOND VOLUME

Assolement, semailles, semoirs, le blé, la mouture, la farine, les moulins, les rivières, les poissons. Culture du seigle, de l'orge et de l'avoine, des betteraves, des prairies, des plantes industrielles, moisson, fenaisons, etc.

Horticulture (Cours élémentaire d'), par Boncenne. 2 vol. in-18, formant ensemble 312 pages avec 85 grav. 1 50

PREMIÈRE ANNÉE

Organique des végétaux, culture potagère, culture des fleurs. 1 vol. in-12 de 152 pages et 48 gravures.

DEUXIÈME ANNÉE

Organisation des végétaux ligneux, pépinières, multiplication, plantations, taille des arbres à fruits, culture de la vigne. 1 vol. in-12 de 160 pages et 34 gravures.

Chacun de ces volumes est vendu séparément. . . . . » 75

Histoire de France. Simples récits à l'usage des classes élémentaires des lycées, de l'enseignement secondaire spécial, des écoles primaires supérieures, par G. Ducoudray. 1 vol. in-18 de 184 pages, avec 36 gravures coloriées hors texte. 1 50

Cet ouvrage a été admis par la commission des bibliothèques scolaires.

Le même ouvrage, cartonné. 1 75
— — toile rouge. . . . . 2 »

BIBLIOTHÈQUE DU CULTIVATEUR

Publiée avec le concours du Ministre de l'Agriculture

26 volumes in-18, à 1 fr. 25 le volume

Agriculteur commençant (Manuel de l'), par Schwerz, traduit par Villeroy. 5e édit., 332 pages.......... 1 25
Animaux domestiques, par Lefour. 1 vol. in-18 de 162 pages et 57 gravures.......... 1 25
Basse-cour, pigeons et lapins, par Mme Millet-Robinet, 5e édit., 180 p., 31 gravures.......... 1 25
Bêtes à cornes (Manuel de l'éleveur de), par Villeroy. 300 pages et 60 gravures.......... 1 25
Champs et prés (Les), par Joigneaux, 140 pages..... 1 25
Cheval (Achat du), par Gayot. 1 vol. de 180 pages et 25 grav. 1 25
Cheval, âne et mulet, par Lefour. 1 vol. de 176 p. 192 gr. 1 25
Cheval percheron, par du Hays. 176 pages........ 1 25
Choux, Culture et emploi, par Joigneaux. 1 vol. in-18 de 180 pages et 14 gravures.......... 1 25
Comptabilité et géométrie agricoles, par Lefour. 214 pages et 104 gravures.......... 1 25
Constructions et mécaniques agricoles, par Lefour, 216 pages et 151 gravures.......... 1 25
Culture générale et instruments aratoires, par Lefour. 1 vol. in-18 de 160 pages et 132 gravures.......... 1 25
Économie domestique, par Mme Millet-Robinet. 3e édit., 245 pages et 78 gravures.......... 1 25
Engraissement du bœuf, par Vial. 1 vol. in-18 de 100 pages et 12 gravures.......... 1 25
Fermage (estimation, plan d'amélioration, baux), par de Gasparin, memb. de l'Institut, ancien ministre de l'agriculture. 3e éd. 216 p. 1 25
Fumiers de ferme et composts, par Fouquet. 2e éd. 176 pages et 19 gravures.......... 1 25
Houblon, par Erath, traduit par Nicklès. 136 pages et 22 grav. 1 25
Lièvres, lapins et léporides, par Eug. Gayot. 216 p., 15 g. 1 25
Médecine vétérinaire (Notions usuelles de), par Sanson. 1 vol. de 180 pages.......... 1 25
Métayage (contrat, effets, améliorations), par de Gasparin. 2e édition. 162 pages.......... 1 25
Noir animal (Le). Analyse, emploi, vente, par Bobierre. 156 pages et 7 gravures.......... 1 25
Poules et œufs, par E. Gayot. 1 vol. de 208 pages et 35 gr. 1 25
Races bovines, par Dampierre. 2e édit. 196 pages et 28 gr. 1 25
Sol et engrais, par Lefour. 180 pages et 54 gravures ... 1 25
Travaux des champs, par Victor Borie. 188 p. et 121 gr. 1 25
Vaches laitières (Choix des), par Magne. 144 p. et 39 gr. . 1 25

BIBLIOTHÈQUE DU JARDINIER

Publiée avec le concours du Ministre de l'agriculture

12 volumes à 1 fr. 25 le volume

Arbres fruitiers. Taille et mise à fruit, par Puvis. 2e édition. 167 pages. 1 25

Asperge. Culture; par Loisel. 2e édit. 108 p. et 8 grav. 1 25

Conférences sur le jardinage (légumes et fruits). 2e éd., par Joigneaux. 152 pages. 1 25

Dahlia, par Pirolle. 1 vol. in-18 de 148 pages. 1 25

Jardins et parcs, par de Céris. 1 vol. in-18 avec 60 grav. . 1 25

Melon. Culture, par Loisel. 5e édition. 108 pages et 7 grav. . . 1 25

Pelargonium, par Thibaut. 2e édit. 108 pag. et 10 grav. . . 1 25

Pensée (Culture de la), par le baron de Ponsort. 1 volume de 108 pages. 1 25

Pépinières, par Carrière. 148 pages et 30 gravures. 1 25

Pétunia — Rosier — Pensée — Primevère — Auricule — Balsamine — Violette — Pivoine, par Marx-Lepelletier. 108 pages. 1 25

Plantes de serre froide, par de Puydt. 157 p. et 15 grav. . 1 25

Potager (Le), jardin du cultivateur, par Naudin. 487 p., 31 gr. 1 25

Chacun de ces volumes est vendu séparément.

FIN.

PARIS. — IMP. SIMON RAÇON ET COMP., RUE D'ERFURTH, 1

EXTRAIT DU CATALOGUE DE LA [illegible]

AGRICULTURE (Cours d'), par [illegible]. 6 vol. in-[illegible] gravures. [illegible]

BON FERMIER [illegible]

BON [illegible] in-12 de 1,616 pages et 15 gravures. [illegible]

[illegible], par H. Lecoq. 1 vol. 432 pages et 215 gravures. . . . . 3 [illegible]

[illegible] (Manuel de l'éleveur de), par Villeroy. 2 vol. in-8 avec 121 gravures. . 12 »

[illegible] DES TERRES ARABLES, par Barral. 2 vol. in-12, 960 pages, 445 gr. 7 »

FLORE DES JARDINS ET DES CHAMPS, par Lemaout et Decaisne. 2 vol. in-8. . 9 »

JOURNAL D'AGRICULTURE PRATIQUE, sous la direction de M. E. Lecouteux.— Une livraison de [illegible] pages in-4, paraissant chaque semaine, avec de nombreuses gravures noires par numéro. — Un an. . . . . 20 »

LAITERIE, BEURRES ET FROMAGES, par Villeroy. 1 vol. in-18 de 586 pages et 54 gravures. 3 50

MAISON RUSTIQUE DU XIXe SIÈCLE. 5 vol. in-4 et 2,500 gravures. 39 50

POULAILLER (Le), par Charles Jacque. 1 vol. in-12 et 120 gravures 3 50

REVUE HORTICOLE, publiée sous la direction de M. Carrière. — Un n° de 24 pages in-4, et 2 gravures coloriées, les 1er et 16 du mois. — Un an. . . . . . . 20 »

VIGNE ET VINIFICATION, par J. Guyot, 2e édit. 432 pages in-12 et 30 gravures. 3 50

BIBLIOTHÈQUE DU CULTIVATEUR, publiée avec le concours du Ministre de l'agriculture.

EN VENTE : 26 VOLUMES IN-18, A 1 FR. 25 LE VOLUME, SAVOIR :

Agriculteur commençant, par Schwerz, traduit par Villeroy. 1 vol. de 332 pages. . 1 25
Travaux des champs, par Bonie. 230 pages et 150 gravures 1 25
Culture générale et instruments aratoires, par Lefour. 1 vol. in-18 de 160 pages. 1 25
Fermage (estimation, plans d'améliorations, bail), par de Gasparin. 3e édit. 384 pages. 1 25
Sol et engrais, par Lefour. 170 pages et 312 gravures 1 25
Métayage (contrats, effets, améliorations), par de Gasparin. 2e édition. 166 pages. . 1 25
Fumiers de ferme et composts, par Fouquet. 2e édit. 270 pages et 19 gravures. 1 25
Noir animal, par Bobière. 156 pages et 7 gravures. 1 25
Champs et prés (Les), par Joigneaux. 140 pages. 1 25
Cheval percheron, par du Hays. 176 pages. 1 25
Lièvres, lapins et léporides, par A. Gayot. 216 pages, 15 gravures. 1 25
Choux, culture et emploi, par Joigneaux. 1 vol. de 180 pages et 7 gravures. . . 1 25
Houblon, par Erath, traduit de l'allemand par Nicklès. 128 pages et 22 gravures. 1 25
Animaux domestiques, par Lefour. 1 vol. in-18 de 162 pages et 57 gravures. . . 1 25
Cheval, âne et mulet, par Lefour. 1 vol. de 162 pages et 500 gravures. 1 25
Cheval (Achat du) par Gayot. 1 vol. de 216 pages et 25 gravures. 1 25
Choix des vaches laitières, par Magne. 3e édition. 144 pages et 30 gravures. . . 1 25
Races bovines, par le marquis de Dampierre. 2e édition. 192 pages et 28 gravures. 1 25
Bêtes à cornes, par Villeroy. 5e édition. 300 pages et 60 gravures. 1 25
Engraissement du bœuf, par Vial. 1 vol. in-18 de 180 pages 1 25
Basse-cour. — Pigeons. — Lapins, par Mme Millet-Robinet. 5e éd. 180 p., 31 gr. . 1 25
Poules et œufs, par E. Gayot. 1 vol. in-18 de 216 pages et 35 gravures 1 25
Médecine vétérinaire (Notions usuelles de), par Sanson. 1 vol. de 180 pages. . . 1 25
Économie domestique, par Mme Millet-Robinet. 3e édition. 324 pages et 106 grav. 1 25
Constructions et mécaniques agricoles, par Lefour. 216 pages et 151 gravures. 1 25
Comptabilité et géométrie agricoles, par Lefour. 204 pages et 104 gravures. . . 1 25

CHACUN DE CES VOLUMES EST VENDU SÉPARÉMENT, 1 FR. 25 C.

BIBLIOTHÈQUE DU JARDINIER, publiée avec le concours du Ministre de l'agriculture.

EN VENTE : 12 VOLUMES IN-18 A 1 FR. 25 LE VOLUME, SAVOIR :

Arbres fruitiers (taille et mise à fruit), par Puvis. 2e édit. 220 pages. 1 25
Pépinières, par Carrière. 144 pages et 16 gravures 1 25
Conférences sur le **jardinage**, par Joigneaux. 100 pages et 12 grands tableaux. . 1 25
Potager (Le), par Charles Naudin. 188 pages et 34 gravures 1 25
Asperge (culture naturelle et artificielle), par Loisel. 2e édit. 108 pages et 6 grav. 1 25
Melon (culture sous cloches, sur buttes et sur couches), par Loisel. 3e éd. 112 pag. 1 25
Dahlia (bouture, taille, multiplication), par Pirolle. 148 pages. 1 25
Pelargonium, par Thibaut. 108 pages et 10 gravures. 1 25
Plantes de serre froide, par de Puydt. 158 pages et 15 gravures. 1 25
Rosier. — Violette. — Pensée. — Primevère. — Auricule. — Balsamine. — Pétunia. — Pivoine, Espèces, Culture, Variétés, par Mark-Lepelletier. 104 pages. . 1 25
Parcs et jardins, par de Céris. 1 vol. in-18. 60 gravures. 1 25
Pensée (Culture de la), par le baron de Ponsort. 108 pages. 1 25

CHACUN DE CES VOLUMES EST VENDU SÉPARÉMENT, 1 FR. 25 C.

PARIS. — IMP. SIMON RAÇON ET COMP., RUE D'ERFURTH, 1.

www.ingramcontent.com/pod-product-compliance
Ingram Content Group UK Ltd.
Pitfield, Milton Keynes, MK11 3LW, UK
UKHW012211240726
13966UKWH00002B/706